STEFAN LUPPOLD (Hrsg.)

Erfolgsfaktoren für Events

W0174719

Stefan Luppold (Hrsg.)

Erfolgsfaktoren für Events

Von Interaktion und Neugier
bis Matchmaking und Moderation

Edition Wissenschaft & Praxis

Bibliografische Information der Deutschen Nationalbibliothek

Die Deutsche Nationalbibliothek verzeichnet diese Publikation in
der Deutschen Nationalbibliografie; detaillierte bibliografische Daten
sind im Internet über http://dnb.d-nb.de abrufbar.

© 2024 Edition Wissenschaft & Praxis
bei Duncker & Humblot GmbH, Berlin
Satz: 3w+p GmbH, Rimpar
Druck: CPI Books GmbH, Leck
Printed in Germany

ISBN 978-3-89673-805-9 (Print)
ISBN 978-3-89644-327-4 (E-Book)

Gedruckt auf alterungsbeständigem (säurefreiem) Papier
entsprechend ISO 9706 ⊛

Internet: http://www.duncker-humblot.de

Vorwort

Events werden in kreativen Prozessen entworfen – oft aber auch einfach von Termin zu Termin fortgeschrieben. Dabei stehen vielfach das Budget und der Zeitdruck im Vordergrund, eine klare Definition von Zielen und Zielgruppen fehlt – ebenso wie die Überprüfung des Ergebnisses!

Dieses Buch soll Faktoren beleuchten, die für den Event-Erfolg wichtig sind – also dafür, dass am Ende zufriedene Teilnehmer stehen, motivierte Teams, eine gesteigerte Markenbekanntheit oder ein verbessertes Unternehmens-Image. Mehr Verständnis für Catering und Co. schärft das Verständnis dafür, wie solche Faktoren wirken und damit ein wichtiges Gestaltungs-Element sein können.

In meinen mehr als 30 Jahren in der Veranstaltungswirtschaft habe ich viele dieser Faktoren kennengelernt – und ich weiß, dass es viel mehr davon gibt, als sich in einem Buch beschreiben lassen. In zahlreichen Publikationen wurden solche Gestaltungselemente schon thematisiert. So etwa von Brigitte Nußbaum, die in einer von mir herausgegebenen Reihe den Band „Im Rampenlicht – Der rote Faden zum Erfolg" verfasst hat. Die Branchenexpertin hat jahrzehntelange Erfahrung in der Gestaltung und Durchführung von Events und stellte, zum damals 20-jährigen Jubiläum ihrer Agentur TRENDHOUSE, 20 Themenfelder zusammen.

Bei ihr kann man unter anderem etwas über Branding von Veranstaltungen – „Das Sein im Design" – nachlesen oder sich bezüglich der suggestiven Kraft multisensualer Gestaltung – „Volltreffer" – weiterbilden. Auch Moderation und Location, die wir in diesem Buch nochmals aufgegriffen haben, erläutert uns Brigitte Nußbaum und wird dabei von Barbara Schöneberger und Michael Käfer unterstützt.

So filigran das Kreieren und Zelebrieren von Events anmuten, so komplex das Zusammenspiel der Erfolgsfaktoren erscheinen mag: Die Grundlage für ein Gelingen bilden immer Ziele, Zielgruppen und Zielgruppenziele. Und deren Interpretation und Umsetzung entlang einer konsequenten Willkommenskultur. Dazu habe ich im ersten Kapitel ein paar Anregungen zusammenfasst, die den Perspektivenwechsel betreffen: Wenn wir Gäste, Besucherinnen und Besucher oder Teilnehmerinnen und Teilnehmer erreichen wollen, dann gelingt das nur, wenn wir sie verstehen!

Lassen Sie sich von dem, was Menschen aus der Veranstaltungsbranche für Sie zusammengetragen haben, ermuntern. Es sind Anstupser, verbunden mit der herzlichen Einladung zum Ausprobieren! Viel Freude beim Lesen!

Kißlegg, im Juni 2024   *Professor Stefan Luppold*

Inhaltsverzeichnis

Perspektivenwechsel und Erfolg – ein Prolog

Von *Stefan Luppold*

Ich rannte durch den kalten Regen auf meine Lieblings-Buchhandlung zu. Im Trockenen und Warmen angekommen bemerkte ich: „Was für ein fürchterliches Wetter heute!" Die Buchhändlerin antwortete: „Wieso? Ist doch ideales Lesewetter!"

Wer erfolgreiche Veranstaltungen planen und realisieren möchte, der muss etwas dafür tun. Die üblichen Zutaten sollten in hoher Qualität, mit Erfahrung kombiniert und auf ein Ziel ausgerichtet sein. Wie etwa beim Kuchenbacken. Dazu etwas Liebe (vielleicht als Leidenschaft der Eventschaffenden zu benennen), aber auch mit Blick auf die Gäste – und auf das, was ihnen schmeckt, worauf sie sich freuen und was, um deren Genuss nicht zu schmälern, zu beachten ist.

Wir alle haben damit Erfahrung, aus Kindergeburtstagen oder Weihnachtsfeiern. Und dennoch sind Veranstaltungen vielfach mechanisch, ein Abarbeiten eines wohl organisierten Plans. Alles ist da, doch ohne über das nachgedacht zu haben, was wir als die Sicht der Gäste, der Teilnehmerinnen und Teilnehmer, der Besucherinnen und Besucher bezeichnen. Am Ende: Mission accomplished, aber mit einer suboptimalen Wirkung. Kommentar aus den Reihen der Eingeladenen: „War ganz okay, aber hätte man sich auch sparen können…"

Wenn wir von Perspektivenwechsel sprechen, dann meinen wir damit einen Rollenwechsel: Wir versetzen uns in die anderen. Ein kleines Beispiel dazu:

Ich war Teilnehmer einer Konferenz in Leipzig. Der Veranstaltungsort, unweit des Hauptbahnhofes, war fußläufig erreichbar. Auch ohne digitale Unterstützung traf ich pünktlich ein, zumindest am Gebäude. Das wiederum war weitläufig, hatte verschiedene Bereiche mit jeweils getrennten Eingängen. Ich fand den richtigen erst, nachdem ich eine vollständige Runde gegangen war – ärgerlicherweise befand er sich fast dort, wo ich meine Suche begonnen hatte. Ich war lediglich in die falsche Richtung gestartet. Mit Verspätung kam ich dann am Counter an und nahm meine Konferenzunterlagen entgegen.

Den Veranstaltern war der richtige Eingang bekannt, sie hatten sich ja durch Site Inspections und Briefing-Termine zu Ortskundigen entwickelt. Ihnen schien also die Benennung des Veranstaltungsortes in der Korrespondenz mit den Teilnehmerinnen und Teilnehmern ausreichend zu sein. Eine Beachflag am Eingang – mit Fernwirkung und der „Gleich bin ich da"-Vorfreude – hätte den Bahnreisenden Kummer erspart!

Es gibt einen logischen Zusammenhang zwischen Zielen einer Veranstaltung, deren Zielgruppen und den Zielgruppenzielen. Alle drei Aspekte müssen berücksichtigt werden. Im Mittelpunkt einer Konzeption steht die Frage, was konkret mit der Veranstaltung erreicht werden soll. Daneben die Frage der Zielgruppe, wobei die Veranstaltung insbesondere inhaltlich, formal und zeitlich auf diese ausgerichtet sein muss. Und um das zu erreichen, müssen eben auch die Bedürfnisse, Erwartungen und persönlichen Ziele jener Menschen im Blick stehen, die wir bei der Veranstaltung begrüßen wollen, die also maßgeblich dafür sind, dass überhaupt Ziele erreicht werden können. An dieser Stelle nicht mehr dazu, da dies umfänglich und dennoch knapp gehalten in „Zielgruppenorientierte Veranstaltungskonzeption" nachzulesen ist (Haag/Luppold 2020).

Diese Menschen – unsere Zielgruppe – orientieren sich auch an Megatrends, sind Teil des gesellschaftlichen Wandels und verändern ihre Bedürfnisse. Was vor zehn Jahren en vogue war, ist heute möglicherweise outdated ... Für jene, die Perspektiven ihrer Zielgruppe einzunehmen versuchen, ist es deshalb hilfreich, die Einflüsse von Megatrends auf Individuen und Organisationen zu verstehen und, wo erforderlich, zu berücksichtigen. So wird etwa das Streben nach Selbstverwirklichung zum Normalfall, es besteht eine neue Lust auf Verantwortung, Work-Life-Balance und Nachhaltigkeit sind stets mit dabei und was zählt, ist die Story, die Story, die Story!

So nehmen wir, entlang der vier Säulen moderner Events mit Haltung – Relevanz, Content, Methodik und Haptik – Change-Felder wahr:

– Von „frontal" zu „interaktiv" – Beteiligung, Kollaboration, Mitmachen!

– Von „statisch" zu „dynamisch" – Festival-Charakter, individuelle Agenden und Crowdsourcing-Formate!

– Von „Konsument" zu „Prosument" – wirkliche Workshops, Wissensvermittlung durch Tun, digitale Verlängerung von Onsite-Events!

– Von „Leistungsschau" zu „radikale Ehrlichkeit" – wahre Kritik kommt von den Teilnehmerinnen und Teilnehmern, Ehrlichkeit hat Kraft!

– Von „Hochglanz" zu „Nachhaltigkeit" – weniger ist mehr, keep it simple, regional als neues Normal!

Insgesamt zehn solcher Felder der Veränderung sind in „Ehrliche Events" (Münch/Luppold 2021) nachzulesen, einschließlich der notwendigen Erläuterungen. Die Vielfalt der Details mag auf den ersten Blick abschrecken; auf den zweiten Blick ist zu erkennen, dass auch wir als Individuen dies wahrnehmen und daher erfolgreich die Perspektive unserer Gäste einnehmen können.

Eine weitere Erinnerung aus meinem gut gefüllten Event-Erlebnis-Tornister:

Vor vielen Jahren war ich an der Einweihung des neuen Headquarters eines mittelständischen Unternehmens beteiligt. Das kleine Schloss, in das die Zentrale gerade eingezogen war, sollte auch Veranstaltungsstätte sein. Daher gab es Feuerschalen und Fackeln, einen roten Teppich für die Gäste und – zwischen Führungen durch die neuen Räume und kurz gehaltenen Reden – ein hochwertiges Buffet. Die Auszubildenden des Unternehmens wurden mit einbezogen, kümmerten sich um die Einweisung der Gästefahrzeuge und unterhielten die Feuerstellen: Dabei entstand die Idee, vermutlich eines Pfadfinders, an den Feuerschalen auch Stockbrot zu backen. Kein Widerspruch – und so wurde, zu Carpaccio von der Ananas und anderen Snacks auch dieses frisch hergestellte und duftende Brot angeboten. Die einfache und authentische Speise stellte das gesamte Cateringangebot in den Schatten; mehrfach wurde nachgefragt, ob es denn demnächst nochmals Stockbrot gäbe, und der Vorstandsvorsitzende eines großen Kreditinstituts bat mich als vermeintlich Mitorganisierenden, doch dafür zu sorgen, dass er und seine Frau auf jeden Fall eine weitere Portion Stockbrot bekämen.

Zwei zentrale Fragen sind mit „Perspektivenwechsel" verbunden:

1. In wen sollen wir uns hineinversetzen?

2. Wie kann das geübt werden?

Zur Frage „In wen sollen wir uns hineinversetzen?": Tatsächlich sind es nicht nur die Teilnehmerinnen und Teilnehmer, die Aufmerksamkeit verdienen. Motivierte Dienstleister, Redner, Moderatoren oder Künstler tragen ebenso zum Erfolg bei wie das eigene Team vor Ort. Für die Gäste da zu sein, ohne selbst kleine Erholungs-Pausen oder eine gastronomische Versorgung angeboten zu bekommen, ist fragwürdig. Wirklich gelungene Events zeichnen sich unter anderem dadurch aus, dass ein eigenes Konzept für das Crew-Catering erstellt wird – mit dem richtigen Angebot und der Möglichkeit, dieses in relativer Nähe zum Einsatzort in Anspruch nehmen zu können. Und in ganz bestimmten Fällen muss der Fokus explizit auf die potenziellen Begleitpersonen gerichtet werden; etwa Ehe- beziehungsweise Lebenspartner, die nicht einfach „Mitreisende" sind, sondern zur Teilnahme motivieren, dort das Erlebte spiegeln und natürlich Teil der nachhaltigen Erinnerung werden!

Zu den Eingeladenen: Es gibt charakteristische Merkmale von Zielgruppen, die wichtig sind – unter anderem können die nachfolgenden beleuchtet werden:

– Alter

– Geschlecht

– Funktion

– Beruf

– Ausbildung

– Bildungsstand

– Religion

– Interessen

– Bedürfnisse

– Nationalität

– Kulturzugehörigkeit

So ergibt sich ein Bild, gegebenenfalls sogar die Gruppierung von Teilnehmerinnen und Teilnehmern. Beispielsweise werden bei der globalen Händlerpräsentation von neuen Fahrzeugmodellen solche Gruppen organisiert, die nahtlos aneinander gereiht zum Veranstaltungsort eingeflogen und dort unter anderem mit Informationen versorgt werden. Die zwei- bis dreitägigen Sessions, die sich insgesamt über mehrere Wochen erstrecken können, werden jeweils leicht angepasst: andere Verdolmetschung, geändertes Catering, Pausen aufgrund von Zeitzonen-Unterschieden und so weiter.

Weitere Differenzierungen, etwa orientiert an den Sinus-Milieus, sind denkbar (siehe hierzu https://www.sinus-institut.de).

Wie würden Sie Schülerinnen und Schüler für handwerkliche Berufe motivieren, sie über Ausbildungsmöglichkeiten als KFZ-Mechatroniker:innen oder Dachdecker:innen informieren? Diese Aufgabenstellung diskutierten wir mit unseren Studentinnen und Studenten und entwickelten die „HandwerkerGames". Spielerisch werden Berufsfelder vorgestellt, eigene Hand anzulegen ist notwendig und vermittelt rasch ein wirkliches Gefühl, Repräsentantinnen und Repräsentanten der beteiligten Innungen (Friseur, Konditor, Schneider, Maler und andere) assistieren an den Stationen (und hier nicht die ergrauten „Ehrenmeister", sondern junge Frauen und Männer, die als Role Models fungieren!).

Mein Tipp: Spielen Sie gedanklich den gesamten Ablauf der Veranstaltung aus Sicht der Gäste durch, beginnend mit der Einladung. Und stets mit dem Blick auf die Bedürfnisse, die Erwartungen und das mögliche subjektive Empfinden. Welche Ansprache, welches Angebot führt zu einer Zusage beziehungsweise Teilnahme? Wie erfolgt die Anreise? Wie kann ein Programm konzipiert werden, das anspruchsvoll und dennoch nicht überfordernd ist? Was sind die ersten und die letzten Momente vor Ort, die jeweils ein „Gut, dass ich mit dabei bin!" vermitteln?

Bei einer regionalen Kunstmesse erreichte ich – von der Autobahn aus bereits gut ausgeschildert – den Besucherparkplatz. Wie bei der Teilnahme an vergleichbaren Verbraucherausstellungen erwartete ich eine Parkplatzgebühr bei der Einfahrt, hielt Münzgeld bereit – und war überrascht, als mich der Parkwächter durchwinkte. Später erzählte mir die Geschäftsführerin des Messegeländes, dass sie gleich zu Beginn ein positives Signal setzen wollten: Wer extra anreist und dann Gemälde oder Skulpturen bei den ausstellenden Galerien nicht nur bestaunen, sondern auch kaufen soll, der dürfe doch nicht mit einer Parkgebühr begrüßt werden. Hat was!

Zur Frage „Wie kann das geübt werden?": Haben Sie schon einmal vom „Gegenteil-Spiel" gehört? Die sogenannte „Paradoxe Intervention" wird ab und an Eltern für den Umgang mit ihren fordernden, insistierenden Kindern empfohlen. Dabei wird das Gegenteil von dem verordnet, was eigentlich erreicht werden soll, zum Beispiel: Was macht man mit einem Kind, das unbedingt noch am Abend aufbleiben möchte? Man sagt nicht nur zu, sondern zwingt sanft so lange zum Wachbleiben, bis das Kind darum bettelt, endlich schlafen zu dürfen! Diese Situation lässt sich auf den Arbeitsalltag übertragen – ich möchte früher Feierabend machen und rechne wie üblich mit einer Absage: Festgefahrene Sichtweisen und Verhaltensmuster werden durch das gegenteilige Verhalten erschüttert.

Erinnern Sie sich noch an die Werbung einer Elektromarkt-Kette, bei der ein weiblicher Teenager die Eltern davon überzeugen wollte, ihr unbedingt ein neues Mobilfunkgerät zu kaufen? Sie scheiterte mehrfach an der Mutter, die schließlich recht aggressiv reagierte. Ihrem Vater erzählte sie, dass ihr altes Gerät ja noch ganz okay sei – und es wäre nicht tragisch, wenn es abends, während sie in der Stadt unterwegs sei, ab und zu mal nicht funktioniere … Der Vater sprang auf, rannte in den nächsten Elektromarkt und kaufte umgehend ein neues Handy für die Tochter. Sie hatte verstanden – und das in ihrer Kommunikation genutzt –, was dem Vater wichtig ist!

Noch einfacher ist es, das Verhalten von Menschen zu beobachten und zu lernen. Studentinnen und Studenten empfehle ich dazu etwa den Parkplatz eines großen Möbelhauses: Paare kommen mit großen Einkäufen zu ihren Kleinwagen, ein Streit beginnt – bleibt das gerade erworbene Regal zurück oder die Freundin? Der Platz reicht nicht für beide … Kann uns das bei Events passieren und wie vermeiden wir dann Konflikte? In einem meiner Lieblingshotels in Dänemark sind am Frühstücks-Buffet alle Angebote in kleinen Gläschen sehr wertig vorportioniert, die Auswahl geschieht rasch, und ohne immer noch ein Löffelchen mehr Marmelade auf den Teller zu geben. Säfte werden bestellt und serviert, das schreckliche Ab-Trinken übervoller Gläser direkt am Buffet entfällt. Entspannte erste Minuten für alle Gäste sind garantiert.

Üben durch einen physischen Ortswechsel ist empfehlenswert. Setzen Sie sich genau dorthin, wo später auch Ihre Gäste sitzen werden. Von der Bühne, vom Regieraum, von der Seite ist das Bild ein anderes. Es geht aber um die Sicht der Gäste! Bei einer Konferenz in Warschau hatte der Event-Manager des Hotels wohlmeinend noch einige farbige Zusatzscheinwerfer installieren lassen – für das Plenum war dann die projizierte Liste der Sponsoren nicht mehr lesbar.

Ein letztes Beispiel: Ein mittelständischer Möbelhersteller hatte seine Designabteilung mit der Entwicklung eines neuen Stuhles für Schülerinnen und Schüler beauftragt. Gewohnt rational machten sich die Spezialistinnen und Spezialisten ans Werk, kamen aber nicht wirklich weiter, der Fokus war immer der eines Möbelherstellers – abwaschbare und robuste Oberflächen, stapelfähig und, als Novum, bunt. Schließlich wurde mit Schulen aus der Region ein Projekt gestartet; die „Betroffenen" durften mit konzipieren, wurden in den Bau von Modellen involviert und konnten ihre Bedürfnisse artikulieren. So entstand ein Sitzmöbel, das unter anderem auch als Hocker, als Steh-Pult und zum Chillen verwendet werden kann.

Erfolg als Ziel einer Veranstaltung bezieht sich auf deren Wirkung – und nicht (nur) auf das organisatorische Gelingen und Einhalten von Budgets. Wirkung entsteht dann besonders ausgeprägt nachhaltig, wenn die Zielgruppen und deren Ziele verstanden und berücksichtigt werden, wenn wir als gute Gastgeber eine entsprechende Kultur zeigen und Wertschätzung vermitteln. Um diejenigen, die als

Gäste zu uns kommen, zu verstehen – dabei hilft ein bewusster Perspektivenwechsel schon bei den ersten Überlegungen zur Veranstaltung.

Verwendete und weiterführende Literatur

Haag, P./*Luppold*, S. (2020): Zielgruppenorientierte Veranstaltungskonzeption, Wiesbaden (Springer).

Münch, C./*Luppold*, S. (2021): „Ehrliche Events", Wiesbaden (Springer).

Witzenleiter, H./*Luppold*, S. (2020): Quick Guide Interkulturelle Kompetenz: Sensibilisierung für eine grenzenlos erfolgreiche Kommunikation, Wiesbaden (Springer).

Destination

Von *Sarah Hunke*

Der Markt für kulturelle Veranstaltungen in Deutschland konnte im Jahr 2017 einen Umsatz von fast 5 Milliarden Euro verzeichnen.[1] Aktuelle und auf die gesamte nationale Veranstaltungsbranche ausgerichtete Studien weisen knapp 130 Milliarden Euro aus, die direkt umgesetzt wurden.[2]

Dabei profitieren nicht nur Veranstalter etwa von Ticketverkäufen oder Ausgaben der Teilnehmer, sondern auch die Veranstaltungsorte. Diese erleben mit der Durchführung eines Events positive ökonomische, touristische und soziale Effekte für ihre Region.[3] Aufgrund dessen ist es möglich, Events als Instrument zur Förderung des Tourismus sowie zur Entwicklung und Vermarktung der Destination zu betrachten.[4] Doch auch das Event selbst kann von der Destination profitieren, schließlich wirken sich alle Eindrücke und Erfahrungen des Eventteilnehmers auf dessen Erlebnis, die darüber vermittelte Botschaft sowie die Gesamtbeurteilung und schlussendlich den Eventerfolg aus.[5] Diese bestehende Wechselwirkung zwischen Event und Destination wird in diesem Beitrag näher beleuchtet. Im folgenden Abschnitt soll nun ein grundlegendes Verständnis von Destinationen erarbeitet werden.

Nach Bieger ist eine Destination ein „geografischer Raum (Ort, Region, Weiler), den der jeweilige Gast (oder ein Gästesegment) als Reiseziel auswählt. Sie enthält sämtliche für einen Aufenthalt notwendigen Einrichtungen für Beherbergung, Verpflegung, Unterhaltung/Beschäftigung."[6] Die World Tourism Organization (UNWTO) definiert eine Destination wie folgt: „The main destination of a tourism trip is defined as the place visited that is central to the decision to take the trip. However, if no such place can be identified by the visitor, the main destination is defined as the place where he/she spent most of his/her time during the trip. Again, if no such place can be identified by the visitor, then the main destination is defined as the place that is the farthest from the place of usual residence."[7] Diese Definition der UNWTO geht einher mit der Feststellung Biegers, nach welcher sich eine Destination auf ein

---

[1] Vgl. Graefe, 2022, o. S.

[2] Vgl. RIFEL, 2020, o. S.

[3] Vgl. Köhler, 2014, S. 256 ff.

[4] Vgl. Getz, 2008, S. 403.

[5] Vgl. Schmitt, 2009, S. 699.

[6] Bieger, 2008, S. 56.

[7] UNWTO, 2008, S. 13.

Resort, einen Ort, eine Region, ein Land oder auch einen Kontinent beziehen kann, nach denen sich der Gast je nach Bedürfnis orientiert. Dabei lässt sich annehmen, dass, je weiter entfernt das Reiseziel ist, die Definition der Destination umso weiter gefasst werden kann. Während ein Deutscher womöglich Südfrankreich als Destination wählt, so mag ein Mexikaner ganz Europa als Destination bestimmen.[8]

Die Attraktivität einer Destination bestimmt sich nach den vorhandenen Attraktionen, den Unterkünften sowie der Erreichbarkeit der Destination.[9] Weitere Attribute einer Destination umfassen etwa die Infrastruktur vor Ort, Nebendienstleistungen für den täglichen Bedarf und Aktivitätsangebote. Destinationen als Veranstaltungsorte eines Events verfügen über veränderte Anforderungen, da sie beispielsweise weniger saisonabhängig sind als der Freizeittourismus. Zudem geben Geschäftsreisende in der Destination bedeutend mehr Geld aus als Freizeittouristen.[10]

Vor dem Hintergrund eventbezogener Geschäftsreisen kann zwischen Conference-and-Convention-Destinationen sowie Incentive-Travel-Destinationen unterschieden werden. Tagungs- und Kongresszentren, Hotelanlagen, Optionen für Rahmenprogramme und eine gute Anbindung an die überregionale Infrastruktur zeichnen die Conference-and-Convention-Destinationen aus. Ansehen und Außergewöhnlichkeit sind für Incentive-Travel-Destinationen von Bedeutung, sodass sie als besondere Abwechslung wahrgenommen werden können. Auch Bleisure-Destinationen bieten einen Ansatz zur Betrachtung von Destinationen. Das Wort „Bleisure" setzt sich aus den englischen Worten *business* (Geschäft) und *leisure* (Freizeit) zusammen. Die Bleisure-Destinationen stehen für die Verbindung von Freizeit- und Geschäftsreisen-Tourismus, bei welcher die Destination mit ihren Freizeitaktivitäten in das Erlebnis des Events integriert werden kann.[11]

I. Relevanz

Die Auswahl der Destination ist für ein Event von elementarer Bedeutung und damit einer der Erfolgsfaktoren. Wie eingangs dargestellt, wirken sich alle Eindrücke und Erfahrungen des Eventteilnehmers auf dessen Erlebnis, die durch das Event vermittelte Botschaft, sowie schließlich auf die Gesamtbeurteilung des Events aus.[12] Diese Annahme führt dazu, dass die Destination, für die im Umfeld des Events gesammelten Eindrücke, einen großen Faktor darstellt. Die Bedeutung der Destination für ein Event wird deutlich, betrachtet man die Customer Journey eines Eventteilnehmers.[13] Ein Großteil seiner Erfahrungen, die er mit der Teilnahme an einer physi-

---

[8] Vgl. Bieger, 2008, S. 56 ff.

[9] Vgl. Holloway/Humphreys, 2016, S. 16 ff.

[10] Vgl. Neßmann/Speth/Schultze, 2023, S. 237.

[11] Vgl. Neßmann/Speth/Schultze, 2023, S. 238.

[12] Vgl. Schmitt, 2009, S. 699.

[13] Vgl. Keller; Ott, 2019, S. 28 f.

schen Veranstaltung macht, sind eng mit der Destination verknüpft. Bereits die Anreise zur Veranstaltung steht in engem Zusammenhang zur Destination, denn diese
gestaltet sich je nach Ausgangs- und Zieldestination des Teilnehmers einfacher oder
aufwändiger, abhängig davon, über welche Verkehrsknotenpunkte die Zieldestination verfügt. Auch mit Beginn der Veranstaltung spielt die Destination eine wichtige
Rolle, beispielsweise bestimmt ihr ÖPNV-Angebot die Qualität der Fortbewegung
der Teilnehmer, etwa von der Unterkunft zur Eventlocation. Außerdem hängt
auch das angebotene Rahmenprogramm mit der jeweiligen Destination zusammen
und muss zur zu vermittelnden Botschaft des Events passen.

Umgekehrt hat die Durchführung von Events einen beachtlichen Einfluss auf die
Destination. Dies zeigt sich durch die Auswirkungen von Events auf das Destinationsimage oder auch auf die, mit den Events erzeugten, ökonomischen Effekte für die
Destination. Da ein touristisches Produkt ein Service und keine Ware ist, konkurrie-
ren Destinationen insbesondere auch durch ihr Image. Diese Tatsache führt zu Risiken für den potenziellen Konsumenten, aber auch für die Destination selbst. Der
Konsument kann nicht wissen, ob die Leistung so erfolgen wird, wie gewünscht
und beschrieben. Gleichzeitig setzt er sich einem sozialen Risiko aus, da er sich bla-
miert, wenn er sich nicht richtig auf die kulturellen Gegebenheiten einstellt. Auch das
finanzielle Risiko, entstehend durch die teilweise hohen Kosten eines Urlaubs, ist relevant. Auf der anderen Seite besteht für die Destination das Problem der Auslastung.
Auch ist eine Substitution durch ein preislich günstigeres Angebot möglich. Die genannten Risiken verdeutlichen, dass ein klares Markenimage der Destination für die
Konsumenten und Produzenten unabdingbar ist.[14] Es kann durch die über das Event
ausgelösten Emotionen sowie die vermittelten Informationen beeinflusst werden.[15]

Die Durchführung von Veranstaltungen führt dazu, dass die Destination monetär
von regionalökonomischen Effekten der Veranstaltung profitieren kann. Diese ergeben sich durch unmittelbare Ausgaben der Event-Besucher, die in direkter Verbindung mit dem Besuch der Veranstaltung stehen, etwa dem Kauf von Getränken
oder Merchandising auf dem Veranstaltungsgelände. Auch mittelbare Ausgaben
für Übernachtungen, Restaurantbesuche oder Einkäufe im Einzelhandel kommen
der lokalen Wirtschaft zugute. Weitere Ausgaben betreffen die Zusammenarbeit
des Veranstalters mit externen Dienstleistern, beispielsweise Künstlern, die sich
für die Zeit der Veranstaltung in der Region aufhalten und regionale Leistungen kon-
sumieren. Auch Spenden und Sponsorengelder durch externe Förderer führen zu
Mittelzuflüssen in die Destination.[16] Durch Angebote im MICE-Bereich (**M**ee-
tings **I**ncentives **C**onventions **E**xhibitions) können Destinationen zu einem Ganzjah-
res-Produkt reifen und ihre Saisonalität reduzieren. Kongress- und Tagungs-Gäste
sind zudem besonders attraktiv, da sie, wie beispielsweise in der Stadt Wien im

---

[14] Vgl. Nörpel/Wagner, 2013, S. 53 f.

[15] Vgl. Nörpel/Wagner, 2013, S. 56 f.

[16] Vgl. Drengner/Rück/Eickenhorst/Nowak/Stindt, 2016, S. 203.

Jahr 2018 erhoben wurde, täglich mehr als doppelt so viel Geld ausgeben wie ein klassischer Urlaubsgast.[17]

II. Ausprägung

Betrachtet man nun, wie die Destination den Erfolg eines Events beeinflussen kann, so ist es lohnend, die Leistungs- oder Produkt-Elemente von Destinationen näher zu beleuchten; dies erfolgt exemplarisch an der Destination Hamburg. An erster Stelle sind die Transportnetzwerke, als Verbindung mit beziehungsweise zu den Quellmärkten, zu nennen.[18] Die Stadt Hamburg verfügt über einen Flughafen, der über 350 Flüge täglich verzeichnet und in nur 20 Minuten mit dem Auto vom Stadtzentrum erreicht werden kann. Die Hansestadt besitzt zudem vier Fernbahnhöfe, wobei der ICE-Bahnhof Dammtor nur wenige Schritte vom CCH – dem Congress Centrum Hamburg –, einem der modernsten Kongress- und Tagungszentren Europas, entfernt liegt. Hamburg ist eingewoben in ein dichtes Netz von Fernstraßen, das in den kommenden Jahren für rund 2,5 Milliarden Euro weiter ausgebaut wird.[19] Durch eine hervorragende Infrastruktur kann eine einfache Anreise, als Teil des Veranstaltungserlebnisses, sichergestellt werden. Übernachtungsmöglichkeiten wie Hotels bilden ein weiteres Produktelement.[20] Hamburg weist 362 Hotels mit über 60.000 Betten auf, in allen Sternekategorien. So können auch große Veranstaltungen wie der ITS World Congress 2021 mit rund 13.000 Teilnehmern in der Stadt stattfinden.[21] Menschenerzeugte Attraktionen wie historische Gebäude oder Themenparks und Museen mit teilweise internationalem Renommee sind beispielsweise das Miniaturwunderland, die Elbphilharmonie oder das Stage Theater.[22] Sie sind relevant auch im Hinblick auf ein mögliches Rahmenprogramm der Veranstaltungen. Auch Dienstleister einzelner Leistungen für Events wie Floristen oder Eventtechnik-Verleiher bilden ein Produktelement und sind in großer Zahl in Hamburg vorhanden. Sie können über die Internetseite des Hamburg Convention Bureau eingesehen werden. Dies sowie vorhandene DMOs (Destination Management Organizer) und DMAs (Destination Management Agenturen) bieten Veranstaltern fachlich qualifizierten Support bei der Planung und Umsetzung von Veranstaltung vor Ort.[23] Veranstaltungszentren wie etwa Messe- und Kongressstandorte bilden ein weiteres Produktelement von Destinationen.[24] Mit dem neuen CCH (Congress Centrum Hamburg) sowie dem zentralen Messegelände bietet Hamburg Venues auch für große Veranstal-

---

[17] Vgl. Stübe, 2021, S. 267.

[18] Vgl. Neßmann/Speth/Schultze, 2023, S. 238.

[19] Vgl. Hamburg Convention Bureau, 2023a, o. S.

[20] Vgl. Neßmann/Speth/Schultze, 2023, S. 238.

[21] Vgl. Hamburg Convention Bureau, 2023b, o. S.

[22] Vgl. Hamburg Convention Bureau, 2023c, o. S.

[23] Vgl. Hamburg Convention Bureau, 2023d, o. S.

[24] Vgl. Neßmann; Speth; Schultze, 2023, S. 238.

tungen.[25] Schließlich bildet die geografische Lage mit ihren resultierenden klimatischen Bedingungen und ursprünglichen Angeboten ein Produktelement.[26] Hier kann Hamburg etwa mit seinem Hafen, zahlreichen Grünflächen und Parks punkten.[27] Zusätzlich wirken geschichtlich relevante Elemente, so die Hanse oder die „Beatles-Stadt". All die genannten Produktelemente können im Marketing eines Events genutzt werden: Sie können als Besonderheiten, die zur Botschaft und Zielgruppe des Events passen, in den Vordergrund gestellt werden und als Merkmale zur Differenzierung. Somit können die Produktelemente einer Destination als Pull-Faktor für den Besuch einer Veranstaltung wirken.[28]

Konsumenten konstruieren Destinationsimages unter anderem, indem sie die Informationen verschiedener Produkte derselben Destination generalisieren. Dabei werden die Produkte der Destination oder deren Brands so wahrgenommen, als hätten sie ähnliche Attribute in Bezug auf die Destination. Diese Beziehung ist bekannt als Country-of-Origin-Effekt (COO). Er besagt, dass Konsumenten, ohne frühere Erfahrungen oder vorhandenes Wissen, dazu tendieren, sich bei der Evaluation eines Produktes auf extrinsische Attribute zu verlassen. Analog dazu kann das Image einer Destination das Event selbst beziehungsweise dessen Merkmale beeinflussen.[29] Die Wahrnehmung der Destination kann die Wahrnehmung von Sport-, Kultur- oder Businessevents beeinflussen.

Auch in der umgekehrten Betrachtung lohnt es sich, den Einfluss von Events auf das Destinationsimage und die Entstehung der ökonomischen Wirkung auf die Destination zu beleuchten.

Die Wertschöpfungs- und Einkommenseffekte, die durch ein Event für die Destination entstehen, sind auf verschiedenen Wirkungsebenen anzusiedeln.[30] Der Primäreffekt basiert als direkter Effekt auf der Produktion und dem Einkommen veranstaltungsbezogener Ausgaben. Im nächsten Schritt kommt im Primäreffekt der indirekte Effekt zum Tragen, der sich durch die Produktion und das Einkommen aus Zulieferaufträgen an Unternehmen, welche die durch das Event induzierte Nachfrage befriedigen, kennzeichnet. Schließlich folgt der Sekundäreffekt, der durch einen induzierten Effekt Produktion und Einkommen durch Konsumausgaben der in den Unternehmen des Primäreffekts beschäftigten Personen erzeugt. So entsteht durch die Durchführung eines Events ein ökonomischer Gesamteffekt, von dem die Destination und deren Region ökonomisch profitieren können.[31]

---

[25] Vgl. Hamburg Convention Bureau, 2023b, o. S.

[26] Vgl. Neßmann/Speth/Schultze, 2023, S. 238.

[27] Vgl. Hamburg Convention Bureau, 2023e, o. S.

[28] Newland/Aicher, 2018, S. 134.

[29] Vgl. Florek/Insch, 2011, S. 270.

[30] Vgl. Drengner/Rück/Eickenhorst/Nowak/Stindt, 2016, S. 204 f.

[31] Vgl. Drengner/Rück/Eickenhorst/Nowak/Stindt, 2016, S. 205.

Der bereits erläuterte COO findet sich auch im Kontext der Bildung und Verbesserung einer Destination Brand. Ein Event kann dazu genutzt werden, eine Destination zu bewerben. Der COO sollte dabei nicht allein als Indikator für die Produktqualität (beziehungsweise in diesem Fall für die Qualität oder Attraktivität der Destination) betrachtet werden. Vielmehr bezieht er sich auch auf die gedankliche Reflektion der Einwohner, Produkte und Kultur einer Destination und verfügt somit über eine symbolische und emotionale Bedeutung.[32]

Kategorisiert man, wie das Image einer Destination oder eines Events wahrgenommen wird, dann kann Image als positiv oder negativ definiert werden. Basierend auf dieser Klassifikation kann der Typ der Übereinstimmung zwischen dem Event und der Destination identifiziert werden. Hier wird angenommen, dass, wenn die Destination und das Event ein positives Image haben, die Besucher das Event eher besuchen.[33] Im Folgenden werden nun verschiedene Fälle des Aufeinandertreffens von Destinationsimage und Eventimage dargestellt. Treffen ein positives Eventimage sowie ein positives Destinationsimage aufeinander, so ergibt sich eine vorteilhafte Übereinstimmung (favorable match). Die schwedische Hauptstadt Stockholm, in der die Nobel-Preise verliehen werden, gilt als sauber, sicher und hat einen herausragenden Standard öffentlicher Einrichtungen. Sie kann ihr Image durch die Ausrichtung des renommierten und weltbekannten Events stärken. Begegnen sich ein positives Eventimage sowie ein negatives Destinationsimage, kommt es zu einer unvorteilhaften Übereinstimmung (unfavorable match). Ein aktuelles Beispiel für diesen Fall bildet die Ausrichtung der Fußball Weltmeisterschaft 2022 in Katar. Mit der Vergabe der Weltmeisterschaft wollte man die Entwicklung der Menschenrechte in Katar stärken sowie das Image des arabischen Landes verbessern. Doch viele europäische Medien berichteten über die prekäre Situation der Gastarbeiter, Frauen und Queeren in Katar. In Deutschland und Teilen Europas entbrannte eine gesellschaftliche Debatte, von welcher weder das Image der Destination Katar noch das der Fußballweltmeisterschaft profitieren konnten.[34] Im Falle eines negativen Eventimages und eines positiven Destinationsimages kommt es zu einer vorteilhaften Unstimmigkeit (favorable mismatch). Ein Beispiel hierfür ist der Global Marijuana March, der jährlich weltweit, darunter auch in Deutschland, in Destinationen mit einem positiven Image stattfindet und die Legalisierung von Cannabis fordert. Auch wenn der Großteil der Demonstrationen friedlich verläuft: Es kam unter anderem in Australien und Osteuropa zu zahlreichen Verhaftungen.[35] Schließlich existiert noch die Kombination aus negativem Eventimage und negativem Destinationsimage, eine unvorteilhafte Unstimmigkeit (unfavorable mismatch): Hier führen Florek und Insch die Nukleartests in Nordkorea als Beispiel an. Nordkorea als Land mit einer kontroversen,

---

[32] Vgl. Florek/Insch, 2011, S. 271 f.

[33] Vgl. Florek/Insch, 2011, S. 272.

[34] Vgl. Bark, 2022, o. S.

[35] Vgl. Florek/Insch, 2011, S. 274.

negativ geprägten Reputation verstärkt sein negatives Image weiter durch die Durchführung von Nukleartests, die als negatives Ereignis beschrieben werden können.[36]

Offensichtlich versuchen Destinationen die Ausrichtung von Events mit einem
kontroversen oder negativen Image zu vermeiden. Dennoch lässt sich deren unerwar-
tetes Auftreten nicht immer umgehen, sodass Destinationen in diesem Fall lediglich
versuchen können, die Wogen zu glätten. Allgemein lässt sich sagen, dass eine wün-
schenswerte Produkt-Land-Übereinstimmung (product-country match) auftritt,
wenn wichtige Merkmale einer Produktkategorie mit dem Image des Landes und
dessen Stärken assoziiert werden. Daher sollten die Übereinstimmung zwischen
einem Produkt und seinen wichtigen Merkmalen und analog dazu die Merkmale
des Destinationsimages in Bezug auf eine bestimmte Produktkategorie untersucht
werden. Konkreter sollte die Übereinstimmung zwischen bestimmten Merkmalen
eines Events mit deren Perzeption der Destination analysiert werden. Hierdurch
ist es möglich zu entscheiden, welche der Aspekte betont, welche verbessert und welche ignoriert werden sollten.[37] Wird die Destination in den Bereichen, die zudem
wichtige Merkmale des Events sind, positiv wahrgenommen, ergibt sich eine vorteilhafte Übereinstimmung (favorable match). Somit können das Destinationsimage und
gleichzeitig das Image des Events selbst gestärkt werden. Im Marketing der Destination und des Events sollte diese positive Verbindung genutzt und sollten die wichtigen und positiven gemeinsamen Aspekte beworben werden.[38] Eine unvorteilhafte
Übereinstimmung kommt zustande, wenn wichtige Komponenten des Events nicht
als attraktive Destinationsmerkmale wahrgenommen werden. Dies lässt sich korri-
gieren, indem die betreffenden Destinationsmerkmale tatsächlich verbessert und
die Besucher über die getätigten Verbesserungen informiert werden. Falls eine Verbesserung unmöglich ist, sollten die negativen Aspekte der Destination in der Kommunikation vermieden werden, da ansonsten das Image des Events beschädigt werden könnte.[39] Eine Unstimmigkeit zwischen Event und Destination (event-destina-
tion mismatch) existiert, wenn die Merkmale des Events zu unwichtig sind, um
für die Besucher vorteilhaft zu sein. Wenn bestimmte Merkmale nicht mit dem
Event assoziiert werden, aber in Bezug auf die Destination immer noch positiv wahrgenommen werden, können diese als zusätzlicher Nutzen herausgestellt werden, um
das Image des Events zu verbessern. Umgekehrt kann das Event ein gutes Instrument
sein, um die anderen positiven Aspekte der Destination zu kommunizieren, die in der
Zukunft mehr Bedeutung erlangen können.[40] Eine negative Wahrnehmung von Aspekten einer Destination, die gleichzeitig von geringer Wichtigkeit in Bezug auf ein
bestimmtes Event sind, stellen eine unvorteilhafte Unstimmigkeit (unfavorable mismatch) dar. In diesem Fall sollten die betreffenden Merkmale ignoriert werden, um

---

[36] Vgl. Florek/Insch, 2011, S. 275.

[37] Vgl. Florek/Insch, 2011, S. 275 f.

[38] Vgl. Florek/Insch, 2011, S. 276.

[39] Vgl. Florek/Insch, 2011, S. 276.

[40] Vgl. Florek/Insch, 2011, S. 277.

einen gegenseitigen negativen Einfluss zu vermeiden. Verbesserungen können hier vorgenommen werden und über das Event als Plattform als positive Veränderung kommuniziert werden.[41]

III. Inszenierungspotenzial

Wie die Wirkung einer Destination genutzt werden kann, wird im Folgenden aufgezeigt – am Beispiel der Fußballweltmeisterschaft 2006.

Im Jahr 2006 wurde Deutschland ein positives, aber unausgewogenes internationales Image zugeschrieben. Auf der einen Seite war Deutschland bekannt als Hersteller von hochklassigen Waren und als Produktionsstandort für internationale Marken mit Investitionspotenzial. Auf der anderen Seite wurde Deutschland nicht mit Herzlichkeit, Gastfreundschaft, Schönheit, Kultur oder Spaß assoziiert. Diese Wahrnehmung scheint vor allem durch die Wahrnehmung der Deutschen, die als ernst, diszipliniert, aber nicht als spontan oder unterhaltsam gelten, geprägt worden zu sein. Auch die Verantwortung Deutschlands im Zweiten Weltkrieg beeinflusste die Wahrnehmung. Im Jahr 2006 hat Deutschland die Fußballweltmeisterschaft ausgerichtet.[42]

Einige der Eventkomponenten können als wichtig oder unwichtig sowie zugleich als positiv oder negativ in Bezug auf die Destination betrachtet werden. Als vorteilhafte Übereinstimmung (favorable match) kommen durch das positive Image Deutschlands sowie den wichtigen Komponenten der Fußballweltmeisterschaft die Aspekte der Sicherheit, Effizienz, Verlässlichkeit und herausragenden Infrastruktur zusammen. Diese sollten also verstärkt und beworben werden. Als unvorteilhafte Übereinstimmung (unfavorable match) durch das negative Image Deutschlands in Kombination mit wichtigen Komponenten des Events ergeben sich hier eine steife Atmosphäre, langweilige Einwohner und hohe Preise. In der Kommunikation sollten diese Aspekte vermieden oder aber verbessert werden und es sollte darüber informiert werden. Als vorteilhafte Unstimmigkeiten (favorable mismatch) können die Kultur, der ökonomische Wohlstand, die Demokratie, die hervorragende Technologie und Bildung genannt werden. Als zusätzlicher Nutzen sollten diese Aspekte kommuniziert werden. Aus dem negativen Image Deutschlands und den unwichtigen Eventkomponenten ergibt sich die unvorteilhafte Unstimmigkeit (unfavorable mismatch) der Assoziationen des Zweiten Weltkriegs, die in der Kommunikation ignoriert werden sollten.[43]

Um diese negativen Assoziationen zu verändern und die positiven, aber weniger wichtigen, zu erweitern, hat Deutschland die Fußballweltmeisterschaft genutzt, um sich als gastfreundliche und moderne Nation mit neuen Ideen zu präsentieren. Mit-

---

[41] Vgl. Florek/Insch, 2011, S. 277.

[42] Vgl. Florek/Insch, 2011, S. 277.

[43] Vgl. Florek/Insch, 2011, S. 278.

hilfe verschiedener Aktivitäten wurde dieses Ziel erreicht. Beispielsweise investierte die Regierung fast vier Milliarden Euro in die Verbesserung der Infrastruktur. Zudem hat die Polizei das Event auf eine sehr freundliche und tolerante Weise gesichert, um militaristische Assoziationen zu vermeiden. Die Initiative „Land der Ideen" hat die Weltmeisterschaft begleitet und das Image Deutschlands als das eines freundlichen und offenen Landes beworben. Verschiedene Studien belegen, dass sich eine positive Veränderung in der Wahrnehmung Deutschlands nach Ausführung dieser Aktivitäten vollzogen hat. Die Verbesserung der unvorteilhaften Aspekte und die Nutzung der weniger wichtigen, aber positiven Aspekte sowie eine Stärkung der bereits positiven Assoziationen haben zu der Wahrnehmung geführt, dass Deutschland eine attraktive Destination für den Tourismus ist.[44]

Im vorausgehenden Abschnitt wurde anhand eines Praxisbeispiels darauf eingegangen, welchen Einfluss ein Event auf die Destination beziehungsweise das Destinationsimage haben kann. Um auch weiterhin die Wechselwirkung zwischen Destination und Event zu beleuchten, soll nun aufgezeigt werden, wie Destinationen Vor- und Nachteile für Events bieten können.

Destinationen können einem Event Vorteile durch ihr ursprüngliches Angebot bieten. Natur und Kultur der Destination kreieren eine Unique Selling Proposition für das Event. Das abgeleitete Angebot kann durch spezielle Restaurants oder eine außergewöhnliche Venue zum Vorteil genutzt werden. Darauf aufbauend kann das potenziell mögliche Rahmenprogramm genutzt werden und durch das Konzept der Temporary Localhood die Destination im Rahmenprogramm kulturell kennengelernt werden. Zudem kann die Destination durch eine gute Erreichbarkeit aus den Quellmärkten profitieren. Vorteilhaft kann es auch sein, eine Zertifikation der Nachhaltigkeit eines Events durch die Destination anzubieten. Kompetenzen vor Ort, etwa ansässige Branchen oder Universitäten, können die Attraktivität für ein bestimmtes Event steigern. Ansässige Institutionen können die Destination als Treffpunkt für politische Ereignisse interessant gestalten. Auch die Serviceleistungen von Convention Bureaus, die Beratungsdienstleistungen anbieten und als Kommunikatoren in das Destinationsnetzwerk dienen, werden von Experten als Vorteil wahrgenommen. Die Wettbewerbspositionierung ebenso wie das Preis-Leistungsverhältnis und die freizeittouristische Attraktivität der Destination können anziehend wirken. Von Vorteil ist auch eine „MICE-Infrastruktur" mit genügend Venues, Hotels und einem guten ÖPNV-Netz. Dies muss begleitet werden von dem Thema Sicherheit.[45]

Die Destination kann allerdings nicht nur einen positiven Einfluss auf das Event nehmen. Bei Auswahl einer geeigneten Destination für die Durchführung eines Events sollten auch potenzielle, mit der Destination verbundene, Nachteile in Augenschein genommen werden. So können klimatische Bedingungen, die Erreichbarkeit aus internationalen Quellmärkten und fehlende Unterkünfte sowie eine überlastete

---

[44] Vgl. Florek/Insch, 2011, S. 281.

[45] Vgl. Neßmann; Speth; Schultze, 2023, S. 241 f.

Infrastruktur belastend wirken. Destinationen stehen miteinander im Wettbewerb und variieren in der Wahrnehmung verschiedener Zielgruppen, was wiederum dazu führt, dass sie als Ausrichtungsort für Events substituierbar sind.

Berücksichtigt man diese Vor- und Nachteile bei der Auswahl einer Destination für ein Event, so kann die Destination einen großen positiven Einfluss auf das Event haben. Es ist festzuhalten, dass es für jedes spezifische Event eine geeignete Destination gibt, die bei der Erreichung der Ziele der Veranstaltung unterstützend wirken kann.

IV. Fazit

Zusammenfassend lässt sich sagen, dass eine Wechselwirkung zwischen Destinationen und Events besteht. Diese Wechselwirkung bietet für Destination und Event die Möglichkeit, voneinander zu profitieren.

Die Auswahl der Destination ist für ein Event von Bedeutung, da sich alle Erfahrungen der Teilnehmer auf die Gesamtbeurteilung des Events auswirken. Anhand der Customer Journey eines Eventteilnehmers wird deutlich, dass viele Berührungspunkte zur Destination bestehen. Die Destination bietet über ihre Produktelemente wie die Erreichbarkeit oder ihre typischen Standortangebote die Möglichkeiten zur Differenzierung sowie mögliche Pull-Faktoren. Diese Produktelemente finden sich auch im Inszenierungspotenzial der Destination, indem sie sowohl als Vorteil genutzt als auch als Nachteil umgangen werden sollten. Gerade vor dem Hintergrund der Zunahme an digitalen oder auch hybriden Events lässt sich sagen, dass die Destination für physische oder hybride Events hervorragende Differenzierungsmerkmale und zudem einen – vielleicht sogar DEN – Anreiz zum physischen Besuch einer Veranstaltung bietet.

Der Einfluss von Events auf eine Destination hingegen erschließt sich durch die ökonomische Wirkung von Events auf die Destination sowie den Einfluss, den Events auf das Image der Destination nehmen können. Durch Konsumausgaben der Besucher vor Ort, aber auch durch die Zusammenarbeit mit externen Dienstleistern oder Spendeneinnahmen kommt es zu Primär- und Sekundäreffekten, von denen die Destination und deren Region ökonomisch profitieren können. Durch den COO-Effekt lässt sich erklären, dass sich das Image der Destination und jenes des Events gegenseitig beeinflussen können. Wenn das Image der Destination und des Events aufeinandertreffen, kann es zu verschiedenen Typen der Übereinstimmung zwischen beiden kommen, die sich entweder positiv auswirken können oder zu Imageschäden führen können. Um an dieser Stelle eine genauere Analyse vornehmen zu können, lässt sich die Übereinstimmung zwischen bestimmten Merkmalen eines Events mit der Wahrnehmung der Destination bestimmen. Dies ermöglicht eine Feststellung, welche der Merkmale betont, verbessert oder in der Kommunikation ignoriert werden sollten. Anhand des Fallbeispiels der Fußballweltmeisterschaft in Deutschland zeigte sich hier, dass ein Großevent konkret genutzt werden konnte, Merkmale des Destinationsimages erfolgreich zu verbessern.

Verwendete und weiterführende Literatur

Bark, Marcus (2022): Katar und die WM – ein lohnenswerter Kauf, https://www.sportschau.de/fussball/fifa-wm-2022/katar-und-die-wm-2022-ein-lohnenswerter-kauf-100.html (eingestellt am 19.12.2022, abgerufen am 15.05.2023).

Bieger, Thomas (2008): Management von Destinationen, 7. Auflage, München (Oldenbourg).

Drengner, Jan/*Rück*, Hans/*Eickenhorst*, Alexandra/*Nowak*, Julia/*Stindt*, Anna (2016): Regionalökonomische Wirkungen öffentlich geförderter Events am Beispiel der Nibelungen-Festspiele Worms, in: Zanger, Cornelia (Hrsg.): Events und Tourismus. Stand und Perspektiven der Eventforschung, Wiesbaden (Springer Gabler).

Florek, Magdalena/*Insch*, Andrea (2011): When Fit Matters: Leveraging Destination and Event Image Congruence, in: Journal of Hospitality Marketing & Management, Ausgabe 20, S. 265–286.

German Convention Bureau (2023): Hamburg Convention Bureau GmbH, https://www.gcb.de/de/warum-deutschland/gcb-partner/das-gcb-netzwerk/hamburg-convention-bureau-gmbh/ (eingestellt am o.A., abgerufen am 04.05.2023).

Getz, Donald (2008): Event tourism: Definition, evolution and research, in: Tourism Management, Vol. 29, S. 403–428.

Graefe (2023): Umsatz auf dem Veranstaltungsmarkt in Deutschland von 2007 bis 2017, https://de.statista.com/statistik/daten/studie/166255/umfrage/umsatz-auf-dem-veranstaltungsmarkt/ (eingestellt am 25.01.2022, abgerufen am 30.04.2023).

Hamburg Convention Bureau (2023a): Mobilität, https://www.hamburg-convention.com/mobilitaet/einfach-ankommen/ (eingestellt am o.A., abgerufen am 03.05.2023).

Hamburg Convention Bureau (2023b): Kongressmetropole Hamburg, https://www.hamburg-convention.com/kongressmetropole-hamburg/ (eingestellt am o.A., abgerufen am 03.05.2023).

Hamburg Convention Bureau (2023c): Incentives in Hamburg, https://www.hamburg-convention.com/incentives-in-hamburg/ (eingestellt am o.A., abgerufen am 03.05.2023).

Hamburg Convention Bureau (2023d): Servicepartner, https://www.hamburg-convention.com/meeting-guide/servicepartner/ (eingestellt am o.A., abgerufen am 03.05.2023).

Hamburg Convention Bureau (2023e): Hamburg, https://www.hamburg-convention.com/hamburg/ (eingestellt am o.A., abgerufen am 03.05.2023).

Holloway, J. Christopher/*Humphreys*, Claire (2016): The Business of Tourism, 10. Auflage, Thousand Oaks (SAGE).

Keller, Bernhard/*Ott*, Cirk Sören (2019): Touchpoint Management: Entlang der Customer Journey erfolgreich agieren, 2. Auflage, Freiburg (Haufe).

Lohmann, Katja/*Zanger*, Cornelia (2016): Synergien von Eventmarketing und Tourismus – Eine erlebnisorientierte Betrachtung am Beispiel der Weintourismusregion Napa Valley, in: Zanger, Cornelia (Hrsg.): Events und Tourismus. Stand und Perspektiven der Eventforschung, Wiesbaden (Springer Gabler).

Neßmann, Maximilian/*Speth*, Michelle Caroline/*Schultze*, Matthias (2023): Bedeutung von Destinationen in der Live-Kommunikation – Die physische Destination als Wettbewerbsvorteil im „New Normal", in: Zanger, Cornelia: Eventforschung. Events und „The New Normal", Wiesbaden (Springer Gabler).

Newland, Brianna/*Aicher*, Thomas (2018): Exploring sport participants' event and destination choices, in: Journal of Sport & Tourism, Vol. 22. No. 2, S. 131–149.

Nörpel, Carmen/*Wagner*, Johann W. (2013): Destination Branding durch Public Events, in: Luppold, Stefan (Hrsg.): Reihe Messe-, Kongress- und Eventmanagement, Sternenfels (Verlag Wissenschaft & Praxis).

RIFEL (2020): Die gesamtwirtschaftliche Bedeutung der Veranstaltungsbranche, Berlin (o. V.).

Stübe, Gerhard (2021): MICE, in: Dinkel, Michael/Luppold, Stefan/Schröer, Carsten (Hrsg.): Handbuch Messe-, Kongress- und Eventmanagement, 2. Auflage, Berlin (Edition Wissenschaft und Praxis).

UNWTO (2008): International Recommendations for Tourism Statistics 2008, Series M No. 83/ Rev.1.

Locations

Von *Anna-Lena Jesse*

Märchenschlösser, Autobahnen, Gewächshäuser, Leuchttürme, Höhlen, Fabrik-gebäude, Flugplätze, Boote ... sie alle können als Schauplatz für Events dienen. Der Kreativität sind dabei kaum Grenzen gesetzt. Wesentlich ist, dass die Location zum Event passt und somit zur Erreichung der Veranstaltungsziele beiträgt. Doch wie relevant sind Locations als Erfolgsfaktor für Events wirklich? Nach einer kurzen Ein-leitung und einem Kapitel zum Begriffsverständnis soll dieser Frage zunächst durch die Betrachtung verschiedener Ansätze nachgegangen werden. Zu diesem Zwecke werden im Kapitel „Relevanz" a) Definitionsansätze des Event-Begriffs analysiert, b) die Wirkung von Locations auf die Wahrnehmung des menschlichen Gehirns her-ausgearbeitet, c) die fortschreitende Digitalisierung von Events und d) unvorherge-sehene Ereignisse wie die Covid-19-Pandemie betrachtet. Anschließend werden im Kapitel „Ausprägung" die Ausprägungsmerkmale von Locations dargestellt. Neben den vielfach betrachteten Location-Typen können Locations auch nach dem Niveau ihrer Barrierefreiheit, Kapazität, Nachhaltigkeitsbemühungen und Gesellschafts-struktur differenziert werden. Abschließend wird das Inszenierungspotenzial von Locations beleuchtet.

I. Location versus Venue

Um Missverständnisse im alltäglichen Sprachgebrauch zu vermeiden – insbeson-dere im internationalen Veranstaltungskontext – soll an dieser Stelle ein kurzer Er-klärungsansatz erfolgen.

Die Veranstaltungsstätte, auch Versammlungsstätte genannt, ist derjenige Ort, an dem eine Veranstaltung durchgeführt wird. In der deutschen Sprache wird die Ver-anstaltungsstätte umgangssprachlich gerne als Veranstaltungslocation, Event-Loca-tion oder kurz als Location bezeichnet (Graeve, 2011, S. 71; Rück, o.J., o.S.).

Vorsicht ist im Englischen geboten! Das Gegenstück des eingedeutschten Sub-stantivs ‚Location' ist in der englischen Sprache die ‚venue'. Die ‚*location*' hingegen meint den Ort beziehungsweise den Standort einer *venue*, also beispielsweise eine Ortschaft oder eine Gegend innerhalb eines Stadtgebiets (superevent, o.J., o.S.). In diesem Beitrag greift der Begriff ‚Location' die deutsche Bedeutung des Worts auf, meint also die Veranstaltungsstätte.

II. Relevanz

Die Location ist ein essenzieller Teil jedweden Events. Das lässt sich schon daran ablesen, dass sowohl die deutsche Rechtsprechung als auch Definitionen aus der Veranstaltungsliteratur den Aspekt der Örtlichkeit beleuchten. Im Jahre 1991 definierte der Bundesgerichtshof öffentliche Veranstaltungen als „planmäßige, zeitlich eingegrenzte, aus dem Alltag herausgehobene Ereignisse, welche nicht nach der Zahl der anwesenden Personen, sondern nach ihrem außeralltäglichen Charakter und jeweils spezifischen Zweck vom bloßen gemeinsamen Verweilen an einem Ort abgegrenzt und in der Regel jedermann zugänglich sind, auf einer besonderen Veranlassung beruhen und regelmäßig ein Ablaufprogramm haben" (Bundesgerichtshof, 1991, Abs. 6). Der bloße Aufenthalt an einem Ort stellt demnach keine Veranstaltung dar, ist in Verbindung mit anderen Definitionsmerkmalen aber dennoch Teil der Darlegung des Bundesgerichtshofs. Anders gesagt: Eine Veranstaltung ohne Location ist laut geltender rechtlicher Interpretationen keine Veranstaltung (Bundesgerichtshof, 1991, Abs. 6). Der Bundesgerichtshof unterscheidet dabei nicht zwischen verschiedenen Live-Kommunikations-Formaten, sondern äußert sich allgemein durch die Verwendung des Oberbegriffs ‚Veranstaltung'.

Auch bei Untersuchung der typischen Event-Charakteristika in der Literatur fällt auf, dass einige Autoren das Merkmal ‚Location' in ihre Definitionsansätze aufnehmen. So nennt beispielsweise Drenger den Veranstaltungsort als Bestandteil interner (vom Veranstalter kontrollierter) Faktoren. Dazu gehören auch Akteure, Veranstaltungstechnik und Catering (Drenger, 2014, S. 117). Dies begründet der Autor mit der früher stets dagewesenen „räumlichen Anwesenheit der Konsumenten am Veranstaltungsort" (Drenger, 2014, S. 118). In seinem abschließenden Definitionsansatz findet der Veranstaltungsort ebenfalls seinen Platz (Drenger, 2014, S. 118).[1] Auch nach dem Verständnis von Bruhn ist die Veranstaltungsstätte erwähnenswerter Teil eines Events (Bruhn, 1997, S. 777).

Ein zweiter Ansatz, der die Relevanz von Locations rechtfertigt und über die formalen Bestandteile von Veranstaltungen/Events hinausgeht, ist in der Arbeitsweise menschlicher Gehirne begründet. Laut Forschungsergebnissen der Neurowissenschaften verarbeitet das Gehirn Reize multisensorisch. Informationen, die das Hirn auf mehr als einem Wahrnehmungskanal (sehen, hören, riechen, schmecken, fühlen) aufnimmt, werden zunächst zwar in getrennten Prozessen bearbeitet; anschließend werden die Sinneseindrücke allerdings wieder zusammengeführt. Besonders eng miteinander verknüpft ist das Sinnestrio hören, sehen, fühlen (Pütting, 2011, S. 142). Die Studie Brand Sense stellte in diesem Zusammenhang fest, dass multisensorisches Marketing einen positiven Einfluss auf die Markenloyalität hat. Je mehr Sinne durch eine Marketingmaßnahme angesprochen werden, desto höher ist die ermittelte Markenloyalität. Zusammengefasst kann also festgestellt werden,

---

[1] „Eine Veranstaltung ist eine personenbezogene Dienstleistung, bei der eine Gruppe von Menschen zur selben Zeit am selben Ort und/oder über Medien an einem von einem Dritten organisierten temporären Ereignis teilnimmt." Drenger (2014, S. 118).

dass eine positive Korrelation zwischen der Ansprache mehrerer menschlicher Sinne und der Informationsverarbeitung beziehungsweise dem Markenerfolg besteht (Fösken, 2006, S. 73–74). Von diesen Erkenntnissen abgeleitet kann man davon ausgehen, dass Locations als Handlungsorte für Events höchst bedeutsam sind, da die Umgebung inklusive Veranstaltungsstätte von diversen Sinnen wahrgenommen wird. Zusätzlich verstärkt wird dieser Effekt, wenn die Location als Teil des Storytellings in die Inszenierung eingebunden wird (Graeve, 2011, S. 17; Pütting, 2011, S. 143).

Doch wie steht es um die Relevanz analoger Locations in einer Welt, in der die Digitalisierung jeden Tag ein bisschen voranschreitet? Hartmann und Dams sagten im Jahr 2011 voraus, dass die Grenze zwischen physisch-realem und virtuellem Erlebnis zukünftig durch die Nutzung digitaler Anwendungen im World Wide Web verwischt. Den Vorteil neuer Technologien sehen die Autoren klar im Bereich der verlängerten Lebenszyklen von Veranstaltungen, da das Event (Primärerlebnis) durch digitale Nachkommunikation (Sekundärerlebnis) weitaus länger in den Köpfen der Teilnehmenden bewahrt werden kann (Dams, 2011, S. 113; Hartmann, 2011, S. 27). Darüber hinaus ermöglichen hybride Events die Teilnahme von Personen, die nicht am Ort des Geschehens sein können, und vergrößern somit den Wirkungskreis (Dams, 2011, S. 115). Auch zehn Jahre später sind Event-Agenturen und Forschung davon überzeugt, dass hybride Events aufgrund ihrer Potenziale zukünftig an Bedeutung gewinnen (Dams und Luppold, 2016, S. 35; Habenicht, 2021, o. S.). Es ist jedoch nicht davon auszugehen, dass sich das klassische Event langfristig in den rein virtuellen Raum verschiebt. Viel mehr findet eine Synergie analoger und digitaler Komponenten statt, die sich als Mischform im Veranstaltungsmarkt etabliert (Dams, 2011, S. 113–115, 2021, S. 187; Dams und Luppold, 2016, S. 1; Habenicht, 2021, o. S.). Die physische Location als „Raum für das Erlebnis" (Nußbaum, 2015, S. 162) bleibt somit trotz technischer Neuerungen und Ergänzungen erhalten.

Dass die Covid-19-Pandemie und damit einhergehende Veranstaltungsverbote die Veranstaltungswelt auf den Kopf stellen würden, hatte wohl niemand erahnt (Bundesregierung, 2020, o. S.). Auf einen Schlag wurden Events abgesagt, verschoben oder kurzfristig rein digital durchgeführt (Fuderholz, 2021, o. S.; McMahon, Spencer und Witzig, 2022, S. 1537). Später, als gesetzliche Bestimmungen dies wieder zuließen, auch in hybrider Form. Obwohl die Digitalisierung von Veranstaltungen schon viele Jahre vor Pandemiebeginn initiiert wurde, wirkte die Pandemie beschleunigend auf die Entwicklung (mep, 2020, S. 12). Nur eines von vielen Beispielen sind die digitalen Plattformen, die Messegesellschaften während der Corona-Pandemie intensiv genutzt haben, um Messen zunächst rein digital durchzuführen. Heute werden die Plattformen verwendet, um das analoge Angebot zu erweitern (Messe Frankfurt GmbH, 2023, o. S.). Die sinkende Bedeutung der Veranstaltungsstätten aufgrund der Covid-Ausnahmesituation spiegelt sich beispielsweise in den Umsatzeinbußen von durchschnittlich 65,4 Prozent im Jahr 2020 wider (Europäisches Institut für TagungsWirtschaft GmbH, 2020, S. 20). Hier ist jedoch von einem vorübergehenden Bedeutungsverlust auszugehen. Denn trotz der vielen Vorteile hybrider Events gibt es einen entscheidenden Nachteil: die fehlende multisensuale Ansprache der

Teilnehmenden (mep, 2020, S. 12). Daran lässt sich ablesen, dass analoge Events und somit auch die Location per se nicht an Wichtigkeit für die Veranstaltung verlieren.

III. Ausprägung

Veranstaltungslocations weisen die verschiedensten Ausprägungsmerkmale auf. Rahmenbedingungen zur Auswahl einer Location zu definieren, ist Teil der Konzeptionsphase im Planungsprozess (Graeve, 2011, S. 38). Nach welchen Merkmalen Locations von Kunden ausgewählt und beurteilt werden können, wird in diesem Abschnitt analysiert. Die Typologisierung und ihre Ausprägungsformen werden anschließend kurz erläutert. Grobe Orientierung bietet dabei die Unterteilung von Guckert und Pahl-Bauerfeind (2017, S. 14). Anschließend sollen weitere mögliche Ausprägungskriterien wie Barrierefreiheit, Kapazität, Nachhaltigkeit oder Gesellschaftsstruktur unter die Lupe genommen werden.

1. Location-Typus

a) Tagungs-, Konferenz- und Seminarräume inklusive Tagungshotels

Tagungs-, Konferenz- und Seminarräume ermöglichen Zusammentreffen kleinerer Personengruppen zum Zwecke der Fort- und Weiterbildung, Meinungsbildung oder dem gegenseitigen (Gedanken-)Austausch. Sie sind mit entsprechender Technik ausgestattet (Bühnert, 2017, S. 128–130).

Tagungshotels, also Hotels, deren Leistungsangebot über die bloße Bereitstellung von Betten hinausgeht, können durch zusätzliche Konferenz-, Meeting- oder Eventräume punkten. Sie sind vor allem für größere Veranstaltungen ab circa 300 Personen prädestiniert (Kleinheinrich und Hammerschmidt, 2017, S. 56–57). Doch auch Großveranstaltungen mit bis zu 15.000 Personen sind möglich (Zwink, 2021, S. 24). Die direkte Anbindung der Hotelanlage an die Veranstaltungsräume ist hierbei aufgrund des geringen logistischen Aufwands als klarer Vorteil zu sehen (Graeve, 2011, S. 72). Mit einem Anteil von 3.305 Betrieben (von insgesamt 7.208 erfassten Veranstaltungsstätten) stellten Tagungshotels im Jahr 2015 die größte Gruppe dar (Guckert und Pahl-Bauerfeind, 2017, S. 14).

b) Special Locations

Außergewöhnliche Locations, deren ursprünglicher Nutzungszweck nicht die Durchführung von Events ist, werden als Special Locations bezeichnet. Im Gegensatz zu den klassischen Event-Locations (siehe Tagungshotels, Messegelände, Stadt- und Mehrzweckhallen, …) entfalten sie ihre Stärke insbesondere dann, wenn sie sich thematisch in das Event-Konzept integrieren. Special Locations sorgen nicht nur vorab für Neugierde seitens der Teilnehmenden und können somit als Motivationsfaktor gewertet werden, sondern können sich ebenfalls positiv auf Aufmerksamkeit, Aktivität und Verweildauer auswirken (Graeve, 2011, S. 75). Beispiele für Special Locations sind Klöster, Gefängnisse, (stillgelegte) Fabrikgebäude, Museen, Parlamente und Schiffe. 2.119 Locations dieser Art gab es 2015 in Deutschland; sie machen somit den zweitgrößten Anteil aus (Guckert und Pahl-Bauerfeind, 2017, S. 14).

Im Folgenden werden die von Guckert und Pahl-Bauernfeind als Veranstaltungszentren erfassten Locations weiter differenziert, da sie nach Auffassung der Autorin auf zu unterschiedliche Event-Typen spezialisiert sind, um sie einheitlich als Veranstaltungszentren darzustellen. Ihnen allen gemein ist, dass sie „allein für die Durchführung von Veranstaltungen errichtet worden sind" (Guckert und Pahl-Bauerfeind, 2017, S. 14) und „über keine oder nur sehr eingeschränkte Möglichkeiten zur Drittverwertung" verfügen (Luppold, 2021, S. 431).

c) Messegelände

Messegelände sind umzäunte, zutrittsbeschränkte Flächen, die primär zur Durchführung von Messen konstruiert werden. Typischerweise bestehen sie aus mehreren Hallen und Freiflächen, die zu Messeveranstaltungen als Ausstellungsfläche an interessierte Unternehmen vermietet werden. Hinzu kommen verschiedenste Service-Einrichtungen, die den Ausstellern und Besuchenden die Messebeteiligung beziehungsweise den Besuch erleichtern (zum Beispiel Logistikzentren, Restaurants, Räumlichkeiten für Behörden und Organisationen mit Sicherheitsaufgaben) (Kötter, 2021, S. 259). Aufgrund ihrer Größe eignen sich Messegelände auch für Großveranstaltungen wie den European Hematology Congress, der 2023 mit etwa 10.000 Teilnehmenden auf dem Gelände der Messe Frankfurt stattfand (Messe Frankfurt GmbH, o. J.b, o. S.). Einige Messegelände haben angeschlossene Kongresszentren (Hamburg Messe und Congress GmbH, o. J., o. S.; Messe Frankfurt GmbH, o. J.a, o. S.; NürnbergMesse GmbH, o. J., o. S.). Kongresse mit Begleitausstellungen wie die 67. Jahrestagung der Gesellschaft für Thrombose- und Hämostaseforschung (GTH) finden auf diesen Geländen ihren idealen Austragungsort (Gesellschaft für Thrombose- und Hämostaseforschung e. V., 2023, o. S.). Mehrzweckhallen wie die Festhalle (Messe Frankfurt GmbH, o. J.a, o. S.) machen eine Mischnutzung der Gelände ebenfalls attraktiv. Auch Produktpräsentationen oder Fernseh- und Filmproduktionen fanden bereits auf Messegeländen statt (Syhre und Luppold, 2017, S. 5).

d) Stadt- und Mehrzweckhallen

Die Anforderungen an Mehrzweckhallen sind hoch, denn sie sollen, wie der Name bereits vermuten lässt, als Austragungsort für eine Vielzahl an Eventtypen dienen. Das erfordert höchstmögliche Flexibilität an die Gestaltungsmöglichkeiten des Raums. Insbesondere relevant ist dabei die Variabilität der Nutzungsfläche (zum Beispiel Großbühne versus Sportfläche versus Ausstellungsfläche) sowie des Zuschauerbereichs (zum Beispiel verschiedene Bestuhlungsvarianten versus Stehplätze oder

Mischformen). Um Eventveranstalter mehrerer Größenordnungen anzusprechen, sollte die Location in verschieden große Räume teilbar sein. Darüber hinaus sollte moderne Veranstaltungstechnik entweder verbaut oder nach Bedarf in der Mehrzweckhalle eingebracht werden können, Catering(flächen) für verschiedene Anlässe zur Verfügung stehen, Dreh- und Angelpunkte für Logistik wie Be- und Entladerampen in ausreichender Menge existieren sowie separate Räumlichkeiten, die als Backoffice oder Künstlergarderoben nutzbar sind, vorhanden sein. Dazu ist es notwendig, dass Umbauten der Veranstaltungsfläche möglichst einfach und kosteneffizient umgesetzt werden können. Dank der hohen Variabilität ist die Auslastung in Mehrzweckhallen häufig höher als in anderen Location-Typen (Zugmann, 2021, S. 4).

e) Kongresszentren

Kongresszentren sind in ihrer räumlichen Ausgestaltung speziell an die Bedarfe professioneller Kongresse angepasst. Dazu gehört neben einem ausgeprägten Servicegedanken auch die Verfügbarkeit verschiedenster Räumlichkeiten: große Plenarräume, Networking-Flächen, kleinere Breakout-Räume für Workshops, sowie Ausstellungsflächen. Daneben sollten der veranstaltungstechnischen Ausgestaltung keine Grenzen gesetzt sein, denn Produktionen werden immer aufwändiger und Programmpunkte häufiger live gestreamt, um durch eine Erhöhung der Reichweite ein größeres Publikum zu erreichen. Flipchart und Moderationskoffer reichen längst nicht mehr aus (Fiedler und Martin, 2021, 218–219), wie der CSI (Congenital and Stuctural Interventions) Frankfurt Kongress eindrucksvoll beweist. Jährlich werden hier Herz-Operationen aus Krankenhäusern weltweit live gestreamt, um den teilnehmenden Kardiologen neue Techniken so real wie möglich beizubringen (cme4u GmbH, o.J., o.S.). Bei den Kongresszentren kann allgemein zwischen solchen unterschieden werden, die der Gesellschaftsstruktur einer Messegesellschaft angehören (zumeist in den deutschen Großstädten zu finden) und jenen solitären Kongresshäusern, die keine Anbindung an ein Messegelände haben (Guckert und Pahl-Bauerfeind, 2017, S. 16–17).

f) Sportstadien/Arenen

Sportstadien und Arenen sind gewöhnlich die Heimat bekannter Sportvereine, wie die Beispiele der Allianz Arena in München (Allianz Arena München Stadion GmbH, o.J.), Mercedes-Benz Arena in Stuttgart (VfB Stuttgart 1893 AG, o.J.a, o.S.) oder das Olympiastadion in Berlin (Olympiastadion Berlin GmbH, o.J., o.S.) zeigen. Als solche sind sie Austragungsort sportlicher Wettkämpfe aller Art. Zentrum der Stadien ist demnach ein Spielfeld oder eine sonstige Austragungsfläche (zum Beispiel Laufbahn, Fußballfeld). Das Spielfeld ist generell nicht überdacht, kann in manchen Stadien allerdings durch ausfahrbare Dächer vor der Witterung geschützt werden. Um das Spielfeld herum finden viele tausend Besucher auf Tribünen Platz. Die architektonische Form des Stadions (oval, rund, rechteckig) ist abhängig von der dort beheimateten Sportart (Zielke, 2020, o. S.). Neben Sportevents werden Stadien und Arenen gerne für Großveranstaltungen wie Konzerte gebucht. Aber auch für kleinere Events wie Firmenfeiern, Konferenzen, Seminare oder Hochzeiten bieten sie passende Räumlichkeiten. Stadien und Arenen zeichnen sich also ebenfalls durch eine hohe Multifunktionalität aus (Vereinigung deutscher Stadienbetreiber e. V., o. J., o. S.; VfB Stuttgart 1893 AG, o. J.b).

g) Theaterspielstätten

Unter den Begriff der Theaterspielstätten fallen solche Gebäude, „die eigens für Durchführung von Inszenierungen, die den Sparten des Theaters zuzuordnen sind, erbaut wurden" (Pape et al., 2020, S. 16). Architektonisch sind Theaterspielstätten weitgehend in drei Funktionsflächen aufgeteilt. Die Vorderseite ist repräsentativ für den Besuchenden gestaltet. Hier befinden sich Foyer, Garderobe sowie Serviceeinrichtungen. Dem gegenüber ist die funktional geprägte Rückseite gelegen, die vom Personal genutzt wird. Ein Verwaltungstrakt, Technikräume, Werkstätten, Magazine, Proberäume, Künstlergarderoben und weitere Aufenthaltsräume, sowie – je nach Größe – auch eine Kantine, sind hier aufzufinden. Die beiden Bereiche werden vom ‚zentralen Bereich', sprich der Haupt- und Vorbühne, dem Orchestergraben und dem Zuschauersaal verbunden. Hier treffen Besuchende und Personal aufeinander (Pape et al., 2020, S. 20).

h) Fliegende Bauten

Fliegende Bauten sind, anders als die übrigen Veranstaltungsstätten, nur für den vorübergehenden Gebrauch an einem Ort konzipiert. Das heißt, der Bau ist nicht fest mit einem Grundstück verbunden, sondern kann auf- und wieder abgebaut werden (Moroff, 2021, S. 149). Das zeigt sich beispielsweise dadurch, dass Leitungen und Kabel nicht fest installiert werden (Syhre und Luppold, 2017, S. 13). In § 76 der Musterbauordnung definiert die Bauministerkonferenz Fliegende Bauten als „bauliche Anlagen, die geeignet und bestimmt sind, an verschiedenen Orten wiederholt aufgestellt und zerlegt zu werden" (Bauministerkonferenz, 2012, S. 63). Dennoch ist zu bedenken, dass Fliegende Bauten unter das entsprechende Landesbaurecht fallen. Zu den Fliegenden Bauten zählen zum Beispiel Tribünen, (Bier-)Zelte oder Tragluftbauten, aber auch Fahrgeschäfte auf Volksfesten (Moroff, 2021, S. 149; Syhre und Luppold, 2017, S. 13).

i) Freigelände

Im Zusammenhang mit Messe-Veranstaltungen definiert der AUMA – Verband der deutschen Messewirtschaft – Freigelände als Fläche im Außenbereich eines Messegeländes, das für besondere Präsentationen genutzt werden kann (Ausstellungs- und Messe-Ausschuss der Deutschen Wirtschaft e. V., o. J., o. S.). Dies impliziert, dass Events nicht ausschließlich wie bisher beschrieben in Gebäuden stattfinden müssen, sondern auch auf Freiflächen geschehen können (Luppold, 2021, S. 431). Beispiele für solche Sonderpräsentationen im Außenbereich im Messekontext sind die BMX-Show auf der EUROBIKE in Frankfurt (fairnamic GmbH, o. J., o. S.) oder die 414.000 Quadratmeter Standfläche, die auf der bauma 2022 an Aussteller verkauft wurde (Messe München GmbH, 2022, o. S.). Neben Open-Air-Flächen auf Messegeländen gibt es dauerhaft konstruierte Bühnen unter freiem Himmel wie die SpardaWelt Freilichtbühne in Stuttgart, wo in Sommermonaten regelmäßig Konzerte und das Lichterfest im Killesbergpark stattfinden (in.Stuttgart Veranstaltungsgesellschaft mbH & Co. KG, o. J., o. S.). Musikfestivals lassen sich hingegen gerne auf stillgelegten Flughafengeländen nieder (zum Beispiel Southside Festival, About You Pangea Festival, PAROOKAVILLE, Fusion Festival usw.) (Supreme GmbH, 2023, o. S.; take-off GewerbePark Betreibergesellschaft GmbH, o. J., o. S.). Bei der Nutzung von Freigeländen für jegliche Art von Veranstaltung ist es unabdingbar, das Wetter und dessen mögliche Auswirkungen als Risikofaktor in die Planung einzubeziehen (GROSKOPF Consulting e. K., o. J., o. S.).

2. Barrierefreiheit

Neben dem Location-Typus können Event-Veranstalter Locations nach ihrer Barrierefreiheit bewerten. Das Thema ‚Inklusion‘ auf Veranstaltungen wird zukünftig vor allem aufgrund des demografischen Wandels, hier der Alterung der Bevölkerung, einen größeren Raum bei der Event-Planung einnehmen. Denn die Ansprüche älterer beziehungsweise körperlich eingeschränkter Menschen und die Bedürfnisse von Menschen mit Behinderung an die Barrierefreiheit von Locations unterscheiden sich von jenen gesunder, junger Personen (Heinrich, Demuth und Kleine Klausing, 2017, S. 48; Hoffmann-Wagner und Jostes, 2021, S. V). Zusätzlich zum gesellschaftlichen Anspruch erfordern rechtliche Vorgaben und ethische Normen die Auseinandersetzung mit der Inklusions-Thematik. Um diesen Forderungen gerecht zu werden, müssen Veranstalter zunächst die Rahmenbedingungen der Location durch die Barrierefreiheits-Brille betrachten und bewerten (Schirp, 2021, S. 195). Als barrierefreie Gebäude gelten Locations, „wenn sie für Menschen mit Behinderungen in der allgemein üblichen Weise, ohne besondere Erschwernis und grundsätzlich ohne fremde Hilfe auffindbar, zugänglich und nutzbar sind“ (Bundesregierung, 2022, § 4). Auch die Musterversammlungsstättenverordnung stellt Anforderungen an die Locations und deren Betreiber (Hoffmann-Wagner und Jostes, 2021, S. 14). Dass die Normen in der Realität nicht immer umgesetzt werden, liegt unter anderem an fehlenden finanziellen Mitteln, aber auch an den Gegebenheiten der Location (zum Beispiel wenn dieses unter Denkmalschutz steht) (Schirp, 2021, S. 195–196). Dennoch ist allgemein zu beobachten, dass neue und modernisierte Locations sowie öffentlich zugängliche Gebäude die baugesetzlichen Anforderungen erfüllen (Hoffmann-Wagner und Jostes, 2021, S. 40).

Zunächst sollten Veranstalter bei der Location-Auswahl die Anreise zur Veranstaltungslocation im Blick behalten. Besuchenden bringt es nichts, wenn zwar die Location barrierefrei ist, ihnen die selbstständige Anreise zur Location aber nicht möglich ist. Verlässliche Informationen zur barrierefreien Anreise (zum Beispiel zur Lage behinderten-gerechter Stellplätze) sollte der Veranstalter den Besuchenden rechtzeitig kommunizieren (Hoffmann-Wagner und Jostes, 2021, S. 29–30). Daneben sind die baulichen Gegebenheiten der Location selbst zu betrachten; idealerweise bei einer Begehung vor Ort. Darunter fallen die Infrastruktur, die (Veranstaltungs-) Räumlichkeiten, aber auch das Krisenmanagement. Je barrierefreier die Location, desto weniger Kompensationsmaßnahmen muss der Veranstalter durchführen, um das Event für die betroffene Personengruppe zugänglich zu machen (Hoffmann-Wagner und Jostes, 2021, S. 37–39).

3. Kapazität

Im Jahr 2015 registrierte das Europäische Institut für TagungsWirtschaft 7.208 Locations mit einer Kapazität von mindestens 100 Sitzplätzen im jeweils größten Raum der Veranstaltungsstätte (Guckert und Pahl-Bauerfeind, 2017, S. 14).

Zahlen des deutschen Tagungs- und Kongressmarktes zeigen, dass etwas mehr als die Hälfte der dort untersuchten Locations (54 Prozent) eine Kapazität von maximal 50 Besuchenden hat. 32 Prozent der Locations beherbergen bis zu 250 Personen. Locations bis 500 Besuchende (7 Prozent), bis 1.000 Personen (5,5 Prozent) beziehungsweise für mehr als 1.000 Gäste (1,5 Prozent) machen insgesamt lediglich 14 Prozent am Gesamtmarkt aus (Statista, 2018, o.S.). Aus diesen Zahlen lässt sich ablesen, dass die Auswahl kleiner Locations aus Veranstalter-Perspektive deutlich größer ist als die Menge der mittelgroßen und großen Locations.

4. Nachhaltigkeit

Event-Veranstalter haben die Qual der Wahl, wenn es um die Auswahl der passenden Location geht. Dass nachhaltiges Handeln dabei eine zunehmende Rolle spielt, zeigt unter anderem die Expo & Event Klima Studie 2018, die Nachhaltigkeit als Megatrend identifiziert (Künzler, Herzig Gainsford und Arnet, 2018, S. 7). Nachhaltigkeit ist dabei als gesamtheitlicher Prozess zu sehen, der die Auseinandersetzung mit ökologischen, ökonomischen und sozialen Dimensionen erfordert (Große Ophoff, 2021, S. 283). Doch auch in puncto Nachhaltigkeitsmerkmale unterscheiden sich die Locations. Während einige auf Energieeffizienz setzen, punkten andere durch die Verwendung regionaler und saisonaler Produkte, und wiederum andere durch die Aufbereitung von Wasser und das Recycling von Abfall (Hartmann, 2018, o.S.; Landesmesse Stuttgart GmbH, o.J., o.S.).

Zertifizierungen als Qualitätsmerkmal sollen Licht ins Dunkel bringen und Veranstalter dabei unterstützen, wirklich nachhaltige Locations zu identifizieren. Aufgrund der mittlerweile existierenden Masse an Zertifizierungen, Labels und Gütesiegeln (zum Beispiel ISO 20121, EMAS, fairpflichtet, WIN-Charta, Green Globe etc.) und ihren unterschiedlichen Anforderungen beziehungsweise Ausprägungen ist es für Veranstalter allerdings nicht leichter geworden, nachhaltige Locations herauszufiltern. Hier ist also Vorsicht geboten (Hartmann, 2018, o. S.)!

5. Gesellschaftsstruktur

Das letzte Ausprägungsmerkmal, das in diesem Beitrag betrachtet wird, ist die Rechtsträgerschaft der Location. Hier findet eine grundsätzliche Unterscheidung zwischen privat (zum Beispiel GmbH, GbR, Verein, Privatperson) und öffentlich (zum Beispiel Bund, Land, Stadt) geführten Locations statt (Eventrecht Expertise, o. J., o. S.; Guckert und Pahl-Bauerfeind, 2017, S. 15 – 18).

Theaterspielstätten, deren Hauptaugenmerk auf Musicals oder dem Boulevardtheater liegen, sind tendenziell in privaten Händen, während Theater, die dem Zwecke der Kulturpflege oder Volksbildung dienen, öffentlich betrieben oder zumindest subventioniert werden (Pape et al., 2020, S. 16). Ebenso meist in öffentlicher Hand sind die großen Messegesellschaften und Messegelände inklusive gegebenenfalls dazugehöriger Kongresszentren wie das Congress Center Messe Frankfurt oder Mehrzweckhallen wie die Frankfurter Festhalle. Hier sind die Gesellschafter sowohl das Land Hessen sowie die Stadt Frankfurt am Main. Kleinere Kongresszentren, die von nationaler oder regionaler Bedeutung für das Kongress- und Tagungsgeschehen sind, werden vorwiegend von städtischen Betreibern geführt. Tagungshotels, mit Angeboten in diesem Veranstaltungssegment werden wiederum privat betrieben. Bei Stadien und Mehrzweckhallen ist ebenfalls keine eindeutige Betreiberstruktur offensichtlich: Während die ESPRIT arena Teil der Düsseldorf Congress Sport & Event GmbH ist, werden die Barclaycard Arena in Hamburg oder die Mercedes-Benz-Arena in Berlin von nicht öffentlichen Gesellschaftern betrieben. Sportarenen sind meist im Besitz des jeweiligen Sportvereins (Guckert und Pahl-Bauerfeind, 2017, S. 15 – 18). Eine verallgemeinernde Gesellschaftsstruktur nach Location-Typus ist nicht feststellbar; es können lediglich Tendenzen erahnt werden.

Neben den hier aufgeführten Ausprägungsmerkmalen gibt es natürlich noch viele weitere, die aufgrund des Umfangs dieses Beitrags nicht betrachtet werden können: Erreichbarkeit (städtisch versus ländliche Lage), Catering (Bindung an einen Caterer versus freie Wahl des Unternehmens, Spezialisierung der Location auf einen bestimmten Veranstaltungstyp (Hochzeit versus Kongress versus Produktpräsentation) etc.

IV. Inszenierungspotenzial

Die Location „schafft den Rahmen" (Inden, 1992, S. 94), ist die ‚Hardware' (Nuß-baum, 2015, S. 49), „the message" beziehungsweise die „architektonische Dimension" (Rübner, 2021, S. 100) für Events. Als solche hat die Location eine Schlüsselposition inne, ist sie doch wichtig(st)er Baustein des übergeordneten Veranstaltungskonzeptes, und damit Teil des Storytellings und der Dramaturgie (Altenbeck und Luppold, 2021, S. 38; Inden, 1992, S. 94; Nußbaum, 2015, S. 49; Rübner, 2021, S. 100).

Als Bestandteil der Inszenierung sollte die Location zum Veranstaltungsthema und den (Marken-)Botschaften des Veranstalters passen. Nicht zu unterschätzen ist dabei, dass die Wahl einer außergewöhnlichen Location durchaus zur Neugierde der Teilnehmenden am Event beitragen kann und somit sicherstellt, dass eingeladene Gäste tatsächlich am Event teilnehmen (Nußbaum, 2015, S. 49–51). Gerade wenn es um die Alternative zur Teilnahme onsite oder online geht: Schön, sofern die „Site" überzeugen kann! In diesem Zusammenhang ist zu hinterfragen, ob ein bestehender Raum inklusive seiner atmosphärischen Wirkung und der Geschichten, die er erzählt (zum Beispiel Ballsaal), oder ein leerer Raum, der (fast) alle Ausgestaltungsmöglichkeiten bietet (zum Beispiel Messehalle), die Event-Ziele besser erreicht (Altenbeck und Luppold, 2021, S. 38).

Idealerweise umspielen die Komponenten des Events wie Catering, Dekoration, Veranstaltungstechnik (Ton, Licht, audiovisuelle Medien) sowie Showeffekte die Location sinnhaft. Unabdingbar ist, dass eine Atmosphäre geschaffen wird, die den Gast sofort in den Bann der fiktiven Event-Welt zieht und den stressigen Alltag vergessen lässt (Immersion!). Um dies zu erreichen, muss eine Wohlfühlatmosphäre geschaffen werden, die alle Sinne anspricht und dadurch das Unterbewusstsein aktiviert (Inden, 1992, S. 94; Nußbaum, 2015, S. 49–52; Ronft, 2021, S. 70). So ist beispielsweise vorstellbar, dass eine Beduftung der Location den Besuchenden emotionalisiert oder die Verweildauer am Ort des Geschehens beeinflusst (Ronft, 2021, S. 66). Auch könnte ein Veranstalter mittelalterliches Catering auf einem Burg-Event oder Bord-Menüs bei einer Flugzeug-Produktpräsentation im Hangar servieren. Während die alten Gemäuer einer Burg durch Kerzenlicht und Feuer erleuchtet werden, kann das Flugzeug durch eine Lasershow gekonnt in Szene gesetzt werden. Doch auch Stilbrüche tragen laut Nußbaum (2015, S. 50) zur Spannung bei (zum Beispiel ein Sterne-Menü auf einem alten Bauernhof).

Für die Wahl der Location als Erfolgsfaktor gilt: Der Inszenierung sind „keine Grenzen gesetzt – so lange die Storyline stimmt" (Nußbaum, 2015, S. 51).

V. Fazit

„Securing a venue is the most important piece of the event planning process" (Doron International, 2020, o. S.). Ganz richtig, blicken wir auf die Erkenntnisse aus diesem Beitrag zurück.

Alles in allem zeigen sowohl Definitionsansätze des deutschen Rechts als auch aus der Literatur sowie der neurologische Forschungsstand zur Multisensualität, dass die Location für das Event durchaus relevant ist. Auch die allgemeine technologische Weiterentwicklung, die hybride Events ermöglicht, verursacht keinen Bedeutungsverlust bei physischen Veranstaltungsstätten, vielleicht sogar eher im Gegenteil. Während einiger Phasen der Covid-19-Pandemie durften keine analogen Veranstaltungen durchgeführt werden. Obwohl Locations in jener Zeit aufgrund rechtlicher Regelungen völlig ohne Relevanz waren, ist aktuell eine Rückkehr zu Präsenz-Events zu beobachten, die eine geeignete Location für den größtmöglichen Veranstaltungserfolg erfordern.

Eine Vielzahl an Ausprägungsmerkmalen unterscheiden die Locations voneinander. Vorne mit dabei der Location-Typus, der die grundlegende Eignung einer Versammlungsstätte für bestimmte Event-Typen impliziert; jedoch nicht auf diese beschränkt ist! Neben der Nutzung durch Menschen mit Behinderung wird Barrierefreiheit von Locations aufgrund der Bevölkerungsalterung zunehmend ein Thema, mit dem sich Veranstalter auseinandersetzen müssen, um auch weiterhin möglichst vielen Menschen eine Teilnahme zu ermöglichen. Hierbei sind die baulichen Gegebenheiten, Anreise und das Krisenmanagement (zum Beispiel die Entfluchtung) zu bedenken. Je nach Veranstaltungsgröße ist eine Location mit entsprechender Kapazität auszuwählen. Statistiken zeigen, dass das Angebot kleiner Locations deutlich breiter ausfällt als das Angebot von Großlocations für Megaevents. Der Klimawandel erfordert ein Umdenken im Umgang mit begrenzten sowie schädlichen Ressourcen. Neben der ökologischen Komponente spielen allerdings auch die ökonomische und die soziale eine wichtige Rolle in der Beurteilung. Ein Gradmesser für die Nachhaltigkeit von Locations sind entsprechende Zertifizierungen. Da diese jedoch verschiedene Schwerpunkte und Maßnahmen erfordern, ist eine Vergleichbarkeit nur bedingt gegeben. Es ist deshalb ratsam, die entsprechende Zertifizierung und deren Anforderungen zu ermitteln und zu vergleichen, um einen umfassenderen Blick auf die Thematik zu bekommen. Die Gesellschafterstruktur von Locations ist unterschiedlich, da sowohl private als auch öffentlich geführte Gesellschaften Locations betreiben. Eine eindeutige Zuordnung eines Location-Typus zu einer bestimmten Gesellschaftsstruktur ist nicht möglich – wenngleich Tendenzen erkennbar sind.

Die Location ist Grundbaustein eines Events und somit Teil der Inszenierung. Dabei gelingt die Inszenierung besonders dann, wenn die Location im Storytelling mitgedacht wird und sich homogen in das Gesamtkonzept einfügt. Sie ist darüber hinaus die Basis für weitere Komponenten wie Veranstaltungstechnik und Catering, die die atmosphärische Wirkung der Location idealerweise unterstreichen.

Verwendete und weiterführende Literatur

Allianz Arena München Stadion GmbH (o. J.): Fakten & Historie, https://allianz-arena.com/de/die-arena/fakten-historie (abgerufen am 28.02.2023).

Altenbeck, D./*Luppold*, S. (2021): Inszenierung und Dramaturgie für gelungene Events, Wiesbaden (Springer Gabler).

Ausstellungs- und Messe-Ausschuss der Deutschen Wirtschaft e. V. (o. J.): Freigelände, https://www.auma.de/de/messelexikon (abgerufen am 12.03.2023).

Bauministerkonferenz (2012): Musterbauordnung, https://www.bauministerkonferenz.de/lbo/VTMB102.pdf (abgerufen am 24.02.2023).

Bruhn, M. (1997): Kommunikationspolitik: Bedeutung – Strategien – Instrumente, München (Vahlen).

Bühnert, C. (2017): ‚Kongressmanagement per Definition: Veranstaltungsformate und ihre besonderen Eigenschaften‘, in: Bühnert, C./Luppold, S. (Hrsg.): Praxishandbuch Kongress-, Tagungs- und Konferenzmanagement: Konzeption & Gestaltung, Werbung & PR, Organisation & Finanzierung, Wiesbaden (Springer Gabler), S. 125 – 137.

Bundesgerichtshof (1991): ‚Urt. v. 22.02.1991, Az.: 1 StR 44/91‘.

Bundesregierung (2020): Leitlinien zum Kampf gegen die Corona-Epidemie vom 16.03.2020, https://www.bundesregierung.de/breg-de/themen/coronavirus/leitlinien-zum-kampf-gegen-die-corona-epidemie-vom-16-03-2020-1730942 (abgerufen am 23.02.2023).

Bundesregierung (2022): Gesetz zur Gleichstellung von Menschen mit Behinderungen.

cme4u GmbH (o. J.): Welcome – CSI Frankfurt: ABOUT CSI, https://www.csi-congress.org/conferences-courses/conferences/csi-frankfurt (abgerufen am 04.06.2023).

Dams, C.M. (2011): ‚Hybrid Events‘, in: Luppold, S. (Hrsg.): Event-Marketing: Trends und Entwicklungen, Sternenfels (Verlag Wissenschaft & Praxis), S. 111 – 116.

Dams, C.M. (2021): ‚Hybrid Events‘, in: Dinkel, M./Luppold, S./Schröer, C. (Hrsg.): Handbuch Messe-, Kongress- und Eventmanagement, 2. Edition. Berlin (Edition Wissenschaft & Praxis), S. 187 – 192.

Dams, C.M./*Luppold*, S. (2016): Hybride Events: Zukunft und Herausforderung für Live-Kommunikation. Wiesbaden (Springer Gabler).

Doron International (2020): Tweet, https://twitter.com/search?q=Securing%20a%20venue%20is%20the%20most%20important%20piece%20of%20the%20event%20planning%20process.&src=typed_query (abgerufen am 24.02.2023).

Drenger, J. (2014): ‚Events als Quelle inszenierter außergewöhnlicher und wertstiftender Konsumerlebnisse – Versuch einer Definition des Eventbegriffes‘, in: Zanger, C. (Hrsg.): Events und Messen: Stand und Perspektiven der Eventforschung, Wiesbaden (Springer Gabler), S. 113 – 140.

Europäisches Institut für TagungsWirtschaft GmbH (2020): Auswirkungen des Corona-Virus auf den deutschen Veranstaltungsmarkt: Phase 2: Extrastudie: Anbieter-Befragungen & Szenarien-Modelle, https://www.evvc.org/sites/default/files/2020-12/2020-12_Szenarien-2021%2B_Management-Summary.pdf (abgerufen am 23.02.2023).

Eventrecht Expertise (o. J.): Betreiber: Versammlungsstätte, Eigentümer, Pflichten, https://ev entfaq.de/betreiber/ (abgerufen am 16.03.2023).

fairnamic GmbH (o. J.): EUROBIKE 2023, https://www.eurobike.com/de/ (abgerufen am 12.03.2023).

Fiedler, B./*Martin*, N. (2021): ‚Kongress', in: Dinkel, M./Luppold, S./Schröer, C. (Hrsg.): Handbuch Messe-, Kongress- und Eventmanagement, 2. Edition. Berlin (Edition Wissenschaft & Praxis), 217–212.

Fösken, S. (2006): ‚Im Reich der Sinne. Multisensorisches Marketing', Absatzwirtschaft, S. 72–76.

Fuderholz, J. (2021): ‚Nürnberg Messe: Virtuell gegen Corona: Was die Pandemie mit Events macht', DeviceMed, 15.02.2021, https://www.devicemed.de/virtuell-gegen-corona-was-die-pandemie-mit-events-macht-a-5afe31174a7becd67dcf5a11a10d3e49/ (abgerufen am 23.02. 2023).

Gesellschaft für Thrombose- und Hämostaseforschung e. V. (2023): Programme, https://www. gth2023.org/scientific-programme/ (abgerufen am 25.02.2023).

Graeve, M. von (2011): Veranstaltungen organisieren, Freiburg (Haufe).

GROSKOPF Consulting e. K. (o. J.): Veranstaltungssicherheit – Das Wetter als Gefahrenquelle, https://www.groskopf-consulting.de/uncategorized/veranstaltungssicherheit-das-wetter-als-gefahrenquelle/ (abgerufen am 12.03.2023).

Große Ophoff, M. (2021): ‚Nachhaltige Veranstaltungen', in: Dinkel, M./Luppold, S./Schröer, C. (Hrsg.): Handbuch Messe-, Kongress- und Eventmanagement, 2. Edition, Berlin (Edition Wissenschaft & Praxis), S. 281–290.

Guckert, H./*Pahl-Bauerfeind*, M. (2017): ‚Klassenprimus unter den Locations: Eigenschaften und Geschäftsmodelle von Kongresszentren', in: Bühnert, C./Luppold, S. (Hrsg.): Praxishandbuch Kongress-, Tagungs- und Konferenzmanagement: Konzeption & Gestaltung, Werbung & PR, Organisation & Finanzierung, Wiesbaden (Springer Gabler), S. 13–27.

Habenicht, A. (2021): ‚Neue Wege der Live-Kommunikation: Hybrid-Events – früher, heute und in Zukunft', Event Partner, 17.11.2021, https://www.event-partner.de/business/hybrid-events-frueher-heute-und-in-zukunft/ (abgerufen am 23.02.2023).

Hamburg Messe und Congress GmbH (o. J.): Veranstaltungsformate, https://www.cch.de/ venue/veranstaltungsformate (abgerufen am 25.02.2023).

Hartmann, D. (2011): ‚Live plus virtual: Die Evolution der Live Communication im Digitalzeitalter', in: Luppold, S. (Hrsg.): Event-Marketing: Trends und Entwicklungen, Sternenfels (Verlag Wissenschaft & Praxis), S. 19–28.

Hartmann, J. (2018): ‚Geprüft und für gut befunden? Sinn und Unsinn von Nachhaltigkeitszertifizierungen', Event Partner, 21.11.2018, https://www.event-partner.de/business/sinn-und-unsinn-von-nachhaltigkeitszertifizierungen/ (abgerufen am 19.03.2023).

Heinrich, J./*Demuth*, A./*Kleine Klausing*, S. (2017): ‚Convention Bureau: Destinationsmarketing für Städte und Regionen', in: Bühnert, C./Luppold, S. (Hrsg.): Praxishandbuch Kongress-, Tagungs- und Konferenzmanagement: Konzeption & Gestaltung, Werbung & PR, Organisation & Finanzierung, Wiesbaden (Springer Gabler), S. 37–54.

Hoffmann-Wagner, K./*Jostes*, G. (2021): Barrierefreie Events: Grundlagen und praktische Tipps zur Planung und Durchführung. Wiesbaden: Springer Gabler.

in.Stuttgart Veranstaltungsgesellschaft mbH & Co. KG (o. J.): Grandiose Konzerte und Shows beim Open-Air-Sommer 2023, https://www.spardawelt-freilichtbuehne.de/home/ (abgerufen am 12.03.2023).

Inden, T. (1992): ,Event-Inszenierung/Event! – und kein Theater', Absatzwirtschaft, S. 94.

Kleinheinrich, R./*Hammerschmidt*, C. (2017): ,Hotellerie mit besonderer Ausprägung', in: Bühnert, C./Luppold, S. (Hrsg.): Praxishandbuch Kongress-, Tagungs- und Konferenzmanagement: Konzeption & Gestaltung, Werbung & PR, Organisation & Finanzierung, Wiesbaden (Springer Gabler), S. 55–66.

Kötter, H. (2021): ,Messegelände', in: Dinkel, M./Luppold, S./Schröer, C. (Hrsg.): Handbuch Messe-, Kongress- und Eventmanagement, 2. Edition, Berlin (Edition Wissenschaft & Praxis), S. 259–260.

Künzler, M./*Herzig Gainsford*, Y./*Arnet*, M. (2018): Expo & Event Klima Studie 2018. Chur.

Landesmesse Stuttgart GmbH (o. J.): Nachhaltigkeit bei der Messe Stuttgart, https://www.messe-stuttgart.de/das-unternehmen/nachhaltigkeit (abgerufen am 19.03.2023).

Luppold, S. (2021): ,Veranstaltungsstätte', in: Dinkel, M./Luppold, S./Schröer, C. (Hrsg.): Handbuch Messe-, Kongress- und Eventmanagement, 2. Edition, Berlin (Edition Wissenschaft & Praxis), S. 431–432.

McMahon, D./*Spencer*, J./*Witzig*, L. (2022): ,A Post-Covid Strategy for Event Planners', Event Management, 26(7), S. 1537–1547.

mep (2020): ,Sind hybride Events der künftige Standard? Virtuelle Lösungen verändern Wirtschaft und Gesellschaft', mep, S. 12–17.

Messe Frankfurt GmbH (o. J.a): Die Kongress- und Eventlocations der Messe Frankfurt, https://www.messefrankfurt.com/frankfurt/de/locations/kongress-event-locations.html (abgerufen am 25.02.2023).

Messe Frankfurt GmbH (o. J.b): European Hematology Congress 2023 in den Locations der Messe Frankfurt, https://www.messefrankfurt.com/frankfurt/de/unternehmen/blog/beitraege/eha.html (abgerufen am 25.02.2023).

Messe Frankfurt GmbH (2023): ISH Digital Extension, https://ish.messefrankfurt.com/frankfurt/de/profil/digital-extension.html (abgerufen am 22.02.2023).

Messe München GmbH (2022): Daten und Fakten zur bauma 2022, https://bauma.de/de/entdecken/daten/zahlen/ (abgerufen am 12.03.2023).

Moroff, M. (2021): ,Fliegende Bauten', in: Dinkel, M./Luppold, S./Schröer, C. (Hrsg.): Handbuch Messe-, Kongress- und Eventmanagement, 2. Edition, Berlin (Edition Wissenschaft & Praxis), S. 149–151.

NürnbergMesse GmbH (o. J.): Hallen & Gelände, https://www.nuernbergmesse.de/de/location-services/hallen-gelaende (abgerufen am 25.02.2023).

Nußbaum, B. (2015): Im Rampenlicht: Der rote Faden zum Event-Erfolg, Sternenfels (Verlag Wissenschaft & Praxis).

Olympiastadion Berlin GmbH (o. J.): HERTHA BSC, connect.liblynx.com/wayf/30ef9568 dac060d6fffd7076d1b8d561 (abgerufen am 28.02.2023).

Pape, E.-M. et al. (2020): Schlussbericht – Energetische Querschnittserhebung deutscher Theaterspielstätten und Monitoring Scharoun Theater Wolfsburg mit Schwerpunkt Komfortuntersuchung, Köln.

Pütting, H. (2011): ‚Die sieben Gesetze für erfolgreiche Markeninszenierung im Raum‘, in: Luppold, S. (Hrsg.): Event-Marketing: Trends und Entwicklungen, Sternenfels (Verlag Wissenschaft & Praxis), S. 139–149.

Ronft, S. (2021): ‚Research Insights – Eventpsychologie in der Hochschulforschung‘, in: Ronft, S. (Hrsg.): Eventpsychologie: Veranstaltungen Wirksam Optimieren: Grundlagen, Konzepte, Praxisbeispiele, Wiesbaden (Springer Gabler), S. 63–92.

Rübner, W. (2021): ‚Eventdramaturgie‘, in: Dinkel, M./Luppold, S./Schröer, C. (Hrsg.): Handbuch Messe-, Kongress- und Eventmanagement, 2. Edition, Berlin (Edition Wissenschaft & Praxis), S. 97–102.

Rück, H. (o. J.): ‚Event Locations‘, Gabler Wirtschaftslexikon, o. J, https://wirtschaftslexikon. gabler.de/definition/event-locations-53622 (abgerufen am 22.01.2023).

Schirp, J.I. (2021): ‚Inklusive Veranstaltungen‘, in: Dinkel, M./Luppold, S./Schröer, C. (Hrsg.): Handbuch Messe-, Kongress- und Eventmanagement, 2. Edition, Berlin (Edition Wissenschaft & Praxis), S. 195–205.

Statista (2018): ‚Größenstruktur der Veranstaltungsstätten des deutschen Tagungs- und Kongressmarktes im Jahr 2017‘, 2018, https://de.statista.com/statistik/daten/studie/425931/um frage/groesse-der-veranstaltungsstaetten-des-deutschen-tagungs-und-kongressmarktes/ (abgerufen am 16.03.2023).

superevent (o. J.): 13 Important Things to Consider When Choosing Your Event Venue, https:// superevent.com/blog/13-important-things-to-consider-when-choosing-your-event-venue/ (abgerufen am 22.01.2023).

Supreme GmbH (2023): Anreise & Abfahrt, https://www.aboutyoupangea-festival.de/faqs/ (abgerufen am 04.06.2023).

Syhre, H./*Luppold*, S. (2017): Event-Technik: Technisches Basiswissen für erfolgreiche Veranstaltungen, Wiesbaden (Springer Gabler).

take-off GewerbePark Betreibergesellschaft GmbH (o. J.): Southside Festival, https://www. take-off-park.de/gastro-freizeit/southside-festival/ (abgerufen am 04.06.2023).

Vereinigung deutscher Stadienbetreiber e. V. (o. J.): Wir sind die AG Veranstaltungen der deutschen Stadionbetreiber, https://www.eventlocation-stadion.de/wer-sind-wir (abgerufen am 28.02.2023).

VfB Stuttgart 1893 AG (o. J.a): Daten & Fakten, https://www.mercedes-benz-arena-stuttgart.de/ arena/daten-fakten/ (abgerufen am 28.02.2023).

VfB Stuttgart 1893 AG (o. J.b): Event Location – Einzigartig und Begeisternd, https://www.mer cedes-benz-arena-stuttgart.de/eventlocation/ (abgerufen am 28.02.2023).

Zielke, K. (2020): ‚Sportarenen (Stadien) – Merkmale, Nutzung und ein Überblick über die größten Arenen‘, Paradisi, 29.05.2020, https://www.paradisi.de/freizeit/sportarenen/ (abgerufen am 28.02.2023).

Zugmann, S. (2021): Die „Marx-Arena": Eine neue Mehrzweckhalle für Wien mit dem Fokus auf Langlebigkeit.

Zwink, H. (2021): ‚Das Estrel setzt weiter auf Events‘, Allgemeine Hotel- und Gastronomie-Zeitung, 21.08.2021.

Neugier

Von *Annika Rosemann*

I. Emotionen im Eventkontext

1. Definition Emotionen

Um zu erläutern, welche Rolle „Neugier" im Kontext von Events spielt, sollte vorab der Begriff „Emotion" einheitlich definiert werden, da Neugier eine Emotion ist.[1] „Emotion" stammt von dem französischen „émotion" ab, welches zu „émouvoir", auf Deutsch: „bewegen, erregen", gehört. „Emouvoir" wiederum kommt aus dem Lateinischen von „emovere", welches „herausbewegen, emporwühlen" bedeutet.[2]

Emotionen werden als seelische Erregung beschrieben.[3] Des Weiteren stehen sie in Verbindung mit einer veränderten physiologischen Reaktion, beispielsweise steigt die Herzfrequenz, die Gefäße erweitern oder verengen sich (Erröten oder Verblassen) und vor allem ändert sich das Verhalten, welches an einer veränderten Mimik, Gestik, Körperhaltung oder Stimmlage zu erkennen ist.[4] Der Psychologe Philip Zimbardo beschreibt Emotionen als ein komplexes Phänomen von Veränderungen, welches physiologische Erregung, gedankliche Muster, Verhaltensweisen, sowie Gefühle beinhaltet. Diese Veränderungen treten als Folge einer für den Menschen individuell bedeutsam wahrgenommenen Situation auf.[5] Psychologie-Professor Udo Rudolph von der TU Chemnitz schreibt Emotionen zudem eine handlungsleitende Funktion zu.[6] Sie stellen die Brücke zwischen Denken und Handeln dar.[7] Abhängig von der Situation, dem Zustand und den persönlichen Erfahrungen ergibt sich daraus die jeweilige Verhaltensweise.[8] Dementsprechend spielen Emotionen auch eine wichtige

---

[1] Vgl. Online-Redaktion Zukunftsinstitut (2023), o. S.

[2] Vgl. Zimbardo/Gerrig (2004), in: Herbst/Dieter Georg (2015), S. 26.

[3] Vgl. ebd.

[4] Vgl. Dorsch/Wirtz (2021), in: Herbst/Dieter Georg (2015), S. 26.

[5] Vgl. Zimbardo/Gerrig (2004), in: Herbst/Dieter Georg (2015), S. 26.

[6] Vgl. Rudolph/Udo (2015), S. 3.

[7] Vgl. ebd., S. 16.

[8] Vgl. Vaas (o. J.), o. S.

Rolle für Motivationsprozesse. Sie entstehen mit Bedürfnissen, und wenn die Möglichkeit der Bedürfnisbefriedigung besteht, und begleiten diese auch.[9]

Der Hypothalamus, welcher eine kleine Region im Zentrum des Hirns darstellt, löst über seine absteigenden Nervenbahnen zum Körper hin emotionale Reaktionen aus.[10] Emotionen basieren einerseits auf corticalen (Großhirnrinde), andererseits auch auf subcorticalen Strukturen.[11] Sind diese Gehirnbereiche, welche für Emotionen zuständig sind, beim Menschen geschädigt, so ist dieser nicht mehr in der Lage, einfache Entscheidungen zu treffen. Noch bevor im Gehirn der Denkprozess beginnt, wird bereits unbewusst und somit emotionsbasiert entschieden. Etwa 90 Prozent aller Denk- und Entscheidungsprozesse sind rein emotional getrieben.[12] Zudem wird Wissen, welches an Gefühle gekoppelt ist, länger behalten und kann leichter abgerufen werden.[13]

Wie im ersten Abschnitt bereits postuliert wurde, beeinflussen Emotionen unser Verhalten. Doch dieser Zusammenhang besteht auch umgekehrt. Das Verhalten kann die dazugehörigen Emotionen auslösen. Dies unterstreicht erneut die intensive Verbindung von Emotionen und Verhalten. Dieses Wissen spielt bei der Gestaltung von Emotionen auf Events eine große Rolle. Hierbei ist es wichtig, dass das Verhalten auch die dazugehörigen Gefühle auslösen kann. Emotionen können im Eventkontext ansteckend wirken. Wird beispielsweise die Handlung Lachen betrachtet, löst diese die dazugehörigen Gefühle aus, welche ansteckend auf die gesamte Gruppe der Teilnehmenden wirkt.[14] Im Rahmen der Eventforschung gelten Emotionen als wichtigstes Konstrukt, um den Ablauf psychischer Prozesse eines Konsumenten während verschiedener Veranstaltungen zu erklären.[15]

2. Kollektive Emotionen auf Events

Emotionen spielen im Eventkontext eine wichtige Rolle, denn sie stellen die zentrale Komponente zur Beschreibung der Konsumerlebnisse der Eventteilnehmer dar.[16] Zudem wirken sich Emotionen auf verschiedene Faktoren eines Events, beispielsweise die Zufriedenheit mit dem Event, die Wiederbesuchsabsicht oder auch das Lernen von Informationen während des Events, aus.[17]

---

[9] Vgl. Herbst/Dieter Georg (2015), S. 27.
[10] Vgl. Miletic (2022), o. S. Vaas (2016), o. S.
[11] Vgl. Vaas (o. J.), o. S.
[12] Vgl. Clausecker (2015), S. 295.
[13] Vgl. Naughton (2016), S. 226.
[14] Vgl. Herbst/Dieter Georg (2015), S. 36.
[15] Vgl. Drenger (2015), S. 153.
[16] Vgl. Drenger (2014), S. 123 ff.
[17] Vgl. Drenger (2015), S. 153.

Auf Events können Emotionen ansteckend wirken. Löst der Veranstalter beispielsweise positive Emotionen aus, welche sich darin zeigen, dass die Besucher lachen, überträgt sich dies auf die gesamte Teilnehmergruppe.[18] Bei einem solchen Fall handelt es sich um kollektive Emotionen. Von kollektiven Emotionen ist die Rede, wenn gemeinsame und ähnliche emotionale Verhaltensweisen bei einer großen Anzahl von Personen vorzufinden sind.[19] Diese emotionale Ansteckung ist ein automatisch ablaufender Prozess, welcher sich seitens des Individuums als einen unbewussten Versuch der Annäherung zu anderen Personen beschreiben lässt.[20] Dies äußert sich in der automatischen Nachahmung von Verhaltensweisen. Die emotionale Ansteckung basiert dabei auf der Tendenz zur Nachahmung und Synchronisierung von Mimik und Gestik, sowie Vokalisierungen eines anderen Individuums.[21] Die Abbildung 1 stellt den Prozess der emotionalen Ansteckung dar. Da sich im Rahmen einer Interaktion die Personen gegenseitig beeinflussen, kann der Empfänger auch die Rolle des Senders einnehmen und umgekehrt.[22]

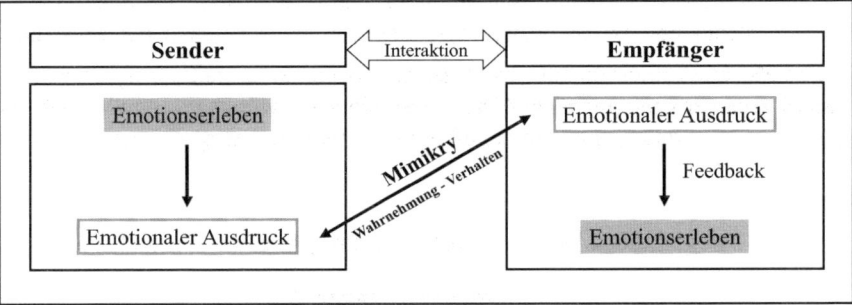

Abbildung 1: Prozess der emotionalen Ansteckung in einer dyadischen Interaktion.
Quelle: Lohmann/Pyka/Zanger (2017), S. 71.

Die Gruppengröße beeinflusst ebenfalls die Wirkung kollektiver Emotionen, denn bei einer hohen Anzahl an Teilnehmern verstärken sich die kollektiven Emotionen.[23]

Eine Rolle in diesem Kontext spielen die sogenannten Spiegelphänomene. Dabei spiegelt und imitiert ein Individuum, was andere fühlen oder wie sie handeln. Nimmt ein Mensch Emotionen bei einem anderen wahr, reproduziert dieser das beobachtete

---

[18] Vgl. Herbst/Dieter Georg (2015), S. 36.

[19] Vgl. Wolf/Jackson (2015), S. 50.

[20] Vgl. ebenda, S. 46; Hatfield/Cacioppo/Rapson (2002), S. 5.

[21] Vgl. Riedl (2006), S. 238.

[22] Vgl. Dimberg (1982), S. 643.

[23] Vgl. Wolf/Jackson (2015), S. 52.

Gefühl und spürt es somit selbst.[24] Über diese Spiegelphänomene können Menschen andere Menschen mit Emotionen anstecken. Die Spiegelphänomene treten oft spontan auf und werden nicht gegenseitig wahrgenommen.[25]

Diese zahlreichen Spiegelphänomene lassen sich auf Events einsetzen, um bei den Besuchern Emotionen auszulösen und diese systematisch zu steuern. Dies kann vor, während und nach dem Event geschehen.[26] Zudem werden Informationen in Verbindung mit Erlebnis und Emotionen besser gespeichert. Bei einem Messeauftritt etwa begünstigen die erlebten Emotionen nicht nur die Informationsspeicherung, sondern auch den Aufbau eines bestimmten Images sowie das Entstehen von Handlungsabsichten, beispielsweise eine Kauf- oder Weiterempfehlungsabsicht.[27] Auf einem Messestand ist zudem auch das Auftreten des Standpersonals von hoher Bedeutung.[28] Nach dem Prinzip der emotionalen Ansteckung können sich hierbei die Emotionen des Standpersonals auf den Messebesucher übertragen und somit den Verlauf der Interaktion sowie den Erfolg des Messeauftritts beeinflussen.[29]

II. Neugier als eine Emotion

1. Definition Neugier

„Neugier ist der Wunsch, nachher schlauer zu sein als vorher."[30]

So definiert Carl Naughton[31] den Begriff Neugier, jedoch besteht keine einheitliche Definition.[32] Neugier zählt zu den sechs Grundemotionen, diese sind: Ekel, Freude, Angst, Ärger, Trauer und Neugier.[33] Jeder Mensch gilt also als neugierig, es unterscheiden sich lediglich die Häufigkeit, Intensität, Länge und das Ausmaß der Neugiermomente.[34] Aristoteles beschrieb Neugier als den Wunsch nach Wissen, welcher im Inneren entstehe und damit einhergehe, bewusst Situationen aufzusuchen, bei welchen ein Vergnügen beim Sammeln neuer Erfahrungen verspürt wird.[35] In der Vormoderne verstanden Denker unter dem Begriff Neugierde den intensiven, instink-

---

[24] Vgl. Bauer (2005), in: Herbst/Dieter Georg (2015), S. 23 f.

[25] Vgl. Herbst/Dieter Georg (2015), S. 24; Storch/Tschacher (2014), in: Herbst/Dieter Georg (2015), S. 25.

[26] Vgl. Herbst/Dieter Georg (2015), S. 38.

[27] Vgl. Bruhn (2010), S. 194 f.

[28] Vgl. Kirchgeorg (2009), S. 21.

[29] Vgl. Hatfield/Cacioppo/Rapson (2002), in: Lohmann/Pyka/Zanger (2017), S. 69.

[30] Naughton (2016), S. 9.

[31] Deutsch-englischer Sach- und Fachbuchautor, Linguist und pädagogischer Psychologe.

[32] Vgl. Krieger (1981), S. 81.

[33] Vgl. Naughton (2016), S. 187.

[34] Vgl. ebd., S. 11.

[35] Vgl. Walter (2017), S. 6.

tiv motivierten Appetit auf Informationen.[36] Neugier beschreibt auch das Verlangen, Neues zu erleben.[37] Zudem geht es um das Erkennen, Suchen und Aufnehmen von Wissen und Erfahrungen.[38] Für unser Gehirn ist es sozusagen unangenehm, über unvollständiges Wissen zu verfügen.[39] Deswegen wird der Mensch auch als Neugierwesen beschrieben.[40]

Neugier spielt auch eine wesentliche Rolle für unser Motivationssystem. Sie stellt den fundamentalen Mechanismus für unsere intrinsische Motivation und unser Belohnungssystem dar.[41] Neugier motiviert dazu, neue Ideen kennenzulernen, Wissenslücken zu schließen und Probleme zu lösen.[42] In diesem Kontext wird Neugier auch als Trieb verstanden, ein Trieb, um Klarheit zu erlangen.[43] Dieser Trieb entsteht durch Wissenslücken.[44] Explorationsverhalten resultiert aus diesem Neugiertrieb.[45]

Neugier wird zudem als Treiber für Entwicklung und Kreativität definiert. Sie hilft dabei in vielen Situationen und kann aus Alternativlosigkeit herausführen.[46] Zudem unterstützt sie beim Lernen.[47] Macht eine Situation Menschen neugierig, widmen sie dieser mehr Aufmerksamkeit, verarbeiten die hierbei gelernten Informationen auf einer tieferen Ebene und erinnern sich an diese besser.[48] Das Fördern unseres Neugierverhaltens durch verschiedene Reize, beispielsweise überraschende Einsichten oder besondere Kuriosa, unterstützt auch die Fokussierung von Aufmerksamkeit.[49] Neugierige Gehirne arbeiten langsamer und bekommen dementsprechend mehr mit.[50] Somit spielt Neugier auch eine entscheidende Rolle im Rahmen der Lernkompetenz, denn diese setzt Neugier auf neue Informationen und deren Anwendung voraus.[51] Dies ist auch im Kontext der Wissenschaft und der Forschung von Bedeutung. Neugier wird unter anderem auch als Methode zur Orientierung in veränderten Situationen genutzt.[52]

---

[36] Vgl. ebd., S. 7.
[37] Vgl. Zillich (2017), S. 5.
[38] Vgl. Naughton (2016), S. 91.
[39] Vgl. ebd., S. 229.
[40] Vgl. Richter (2017), S. 730.
[41] Vgl. Naughton (2016), S. 16; Naughton (2016), S. 18.
[42] Vgl. Isikman u. a. (2016), S. 319.
[43] Vgl. Spielberger/Frain/Peters (1981), S. 209 f.
[44] Vgl. Loewenstein (1994), S. 75.
[45] Vgl. Spielberger/Frain/Peters (1981), S. 209.
[46] Vgl. Naughton (2016), S. 8.
[47] Vgl. Naughton (2016), S. 35.
[48] Vgl. ebd., S. 41.
[49] Vgl. Richter (2017), S. 730.
[50] Vgl. Naughton (2016), S. 8.
[51] Vgl. Lexa (2021), S. 100.
[52] Vgl. Zillich (2017), S. 5.

Abschließend soll der Begriff Neugier noch gegenüber Furcht differenziert werden. Beide Zustände werden von externen Reizen ausgelöst. Neugier jedoch führt im Allgemeinen zur Annäherung. Furcht auf der anderen Seite zu Vermeidung und Rückzug.[53] Neugier basiert auf Vorfreude und nicht auf Furcht.[54]

2. Arten von Neugier

Je nach Situation und Aufgabe können verschiedene Arten von Neugier ausgelöst werden.[55] Im Folgenden sollen diese Neugierarten vorgestellt werden. Je nach Autor wird zwischen unterschiedlichen Arten unterschieden.

Litman und Silvia unterscheiden zwischen I-Typ Neugier und D-Typ Neugier. Der Interesse-Typ beschreibt den Wunsch, sich Wissen zum Zweck des intrinsischen Vergnügens und des meisterschaftsorientierten Lernens anzueignen. Der Deprivations-Typ versteht Neugier als ein unbefriedigtes Bedürfnis. Dies entsteht, wenn Menschen durch einen Mangel an Wissen gestört werden.[56]

James unterscheidet lediglich zwischen wissenschaftlicher und unspezifischer Neugier. Bei wissenschaftlicher Neugier wird durch das Verspüren eines Wissensdefizits Neugier ausgelöst. Die unspezifische Neugier wird durch die schlichte Neuartigkeit beispielsweise einer Situation oder eines Gegenstands ausgelöst.[57]

Berlyne wiederum unterscheidet vier Arten von Neugier. Er nennt die *epistemische Neugier*, welche das Verlangen beschreibt, neues Wissen zu erlangen. Dieser folgt die *perzeptuelle Neugier*, welche durch neue Reize geweckt wird. Die Reize können neuartig, überraschend, hochkomplex oder mehrdeutig sein. Durch eine anhaltende Reizeinwirkung wird die perzeptuelle Neugier wieder reduziert. Bei der *diversen Neugier* handelt es sich um einen allgemeinen Zustand, welcher das Bedürfnis beschreibt, neue Erfahrungen zu suchen oder das eigene Wissen in Bezug auf etwas Unbekanntes zu erweitern. Hierbei ist es wichtig, dass es sich um etwas Neues handelt – ob es dabei um Wissen oder Erfahrungen geht, spielt die kleinere Rolle. Die vierte und letzte Neugier, von der Berlyne berichtet, ist die *spezifische Neugier*. Hierbei geht es um einen erregten Zustand eines Organismus, welcher mit einem mehrdeutigen oder unklaren Reiz konfrontiert wird. Dies kann dazu führen, dass der Organismus diesen spezifischen Reiz weiter zu erkunden bestrebt.[58]

---

[53] Vgl. Spielberger/Frain/Peters (1981), S. 210.

[54] Vgl. Lexa (2021), S. 93 f.

[55] Vgl. Kreitler/Kreitler (1981), S. 147.

[56] Vgl. Isikman u.a (2016), S. 319 f.

[57] Vgl. Naughton (2016), S. 76.

[58] Vgl. Naughton (2016), S. 76; Walter (2017), S. 8.

III. Neugier im Eventkontext – dargestellt am Beispiel der Messe Frankfurt Exhibition GmbH

1. Texpertise Network Globalstand

Dieser Abschnitt bezieht sich auf praktische Erkenntnisse und Erfahrungen der Autorin.

Die Messe Frankfurt Exhibition GmbH verfügt über mehrere Eigenveranstaltungen im Textilbereich. Diese finden nicht nur auf dem Frankfurter Messegelände statt, sondern sind weltweit durch die Tochtergesellschaften der Messe Frankfurt GmbH vertreten. Der Texpertise Network Globalstand ist ein Messestand, welcher auf den Textilmessen im In- und Ausland vertreten ist. Sein Ziel ist es, auf weitere Textilmessen in Frankfurt und im Ausland aufmerksam zu machen. Der Dachname „Texpertise Network" stellt dabei das Netzwerk der weltweiten Textilmessen dar. Abbildung 2 bietet einen Überblick über die verschiedenen Textilmessen weltweit. Die Messen werden dabei in vier Kategorien unterteilt:

– Apparel Fabrics and Fashion

– Interior and Contract Textiles

– Technical Textiles and Textile Processing

– Textile Care

Diese vier Kategorien bilden gemeinsam die gesamte Wertschöpfungskette im Textilbereich ab. Die drei Bereiche Apparel Fabrics and Fashion, Interior and Contract Textiles sowie Technical Textiles and Textile Processing zeigen Aussteller von der Faser bis zum Endprodukt. Textile Care setzt bei der Pflege der Fertigprodukte an.

Zur „Heimtextil" im Januar 2023 wurde erneut ein Texpertise Network Globalstand geplant. Die Heimtextil ist eine Eigenveranstaltung der Messe Frankfurt Exhibition GmbH und findet jährlich im Januar statt. Um mehr Aufmerksamkeit auf den Messestand zu ziehen, wurde sich für eine „Aktion" entschieden. An zwei der vier Messetage wurde den Besuchern auf dem Globalstand eine „Metaverse Experience" angeboten. Hierfür wurde mit einem Dienstleister im Bereich Virtual Reality und Metaverse zusammengearbeitet. Dieser entwarf eine passende virtuelle Welt, welche über die VR-Brille und die dazugehörigen Controller betreten werden konnte. In dieser Welt befanden sich drei zentrale Aufgaben, die ausprobiert und bearbeitet werden konnten – mit Bezug zur Textilbranche und aktuellen Trends. So bestand beispielsweise eine Aufgabe darin, die Sustainable Development Goals, welche von der Messe Frankfurt unterstützt werden, auf einer großen Wand nach der persönlichen Wichtigkeit zu ordnen. Zudem befanden sich virtuell Kollegen des Dienstleisters in dieser Welt, um die Besucher einzuweisen, sie durch die Welt zu führen und ihnen bei Fragen zur Verfügung zu stehen.

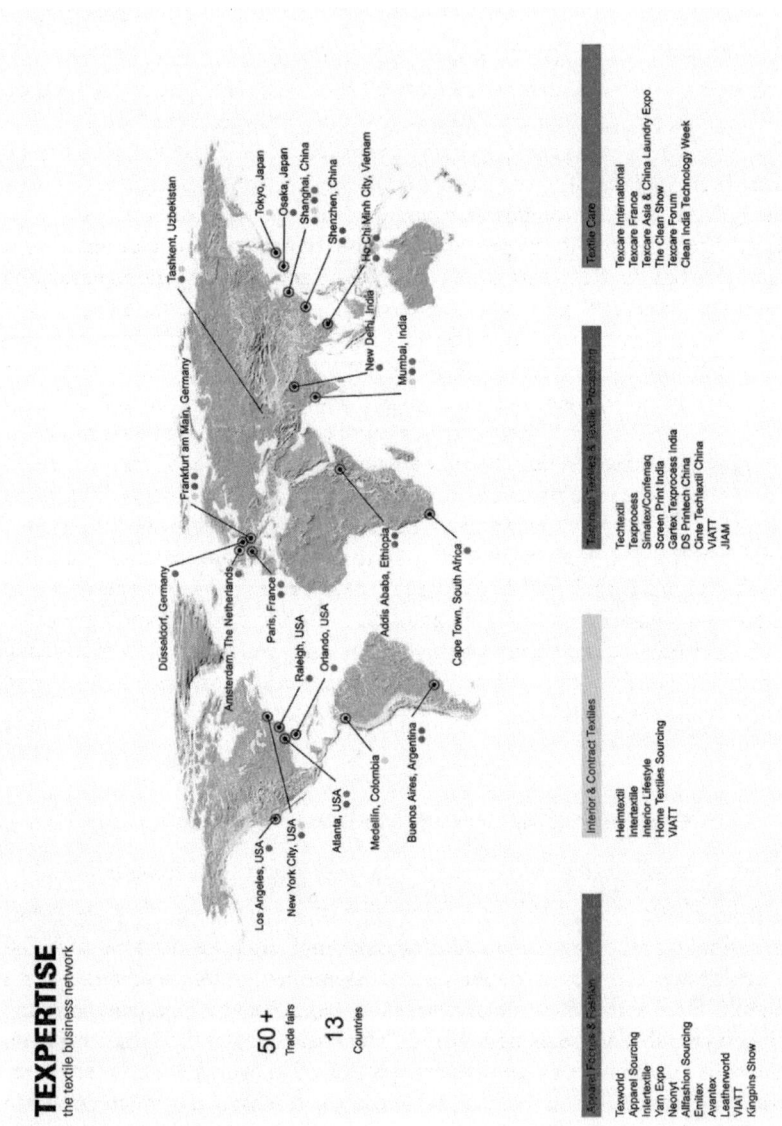

Abbildung 2: Texpertise Network der Messe Frankfurt Exhibition GmbH.
Quelle: https://texpertisenetwork.messefrankfurt.com/frankfurt/de/zahlen-fakten.html.

Ein Messeauftritt erfüllt neben der Verkaufsfunktion vor allem eine Kommunikationsfunktion.[59] Da auf dem Texpertise Network Globalstand nicht primär Produkte oder Dienstleistungen verkauft, sondern weitere Textilmessen des Messe-Frankfurt-Portfolios vorgestellt werden, spielt die Kommunikationsfunktion eine sehr entscheidende Rolle. Um die Aufmerksamkeit des Besuchers zu erlangen, ist nicht nur das Standdesign wichtig, sondern auch die damit verbundene Inszenierung der Erlebniswelt.[60] Durch eine ansprechende, moderne und erlebnisreiche Messestandgestaltung wird die Empfänglichkeit für emotionale Ansteckung verstärkt.[61] Bereits beim Standdesign sollte darauf geachtet werden, dass dieses den Besucher neugierig macht.[62] Die Metaverse Experience auf dem Globalstand der Heimtextil wurde gewählt, um die Besucher neugierig zu machen und somit Aufmerksamkeit zu generieren.

Im Rahmen neuer Technologien (hier unter anderem Virtual Reality) ist ein bedeutender Faktor, dass viele Menschen noch keine Berührungspunkte hiermit hatten und somit die erste und prägendste Erfahrung auf dem Messestand machen.[63] Dadurch, dass sich der Nutzer dieser neuen Technologie auf diese Erfahrung einlässt und eine Vielzahl seiner Sinne angesprochen werden, erzeugt dies eine tiefe Verankerung im Gehirn.[64] Und genau das sollte mit dem Einsatz der Metaverse Experience auf dem Globalstand erreicht werden. Dadurch, dass viele Personen noch keine Berührung damit hatten, erleben sie es beim Besuch des Standes zum ersten Mal und verbinden dieses einprägende Erlebnis, bei welchem mehrere Sinne angesprochen werden, mit dem Texpertise Network der Messe Frankfurt Exhibition GmbH. Außerdem macht es eine Mehrheit der Besucher zunächst neugierig – und diese Neugier breitet sich, wie im Abschnitt „Kollektive Emotionen auf Events" erläutert wurde, weiter aus.

2. Neugier auf dem Texpertise Network Globalstand

a) Relevanz

Die Heimtextil 2023 fand vom 10. bis zum 13. Januar statt. Während dieser vier Messetage betreute die Autorin den Texpertise Network Globalstand durchgehend. Dementsprechend sind die Erfahrungen, die dabei gemacht werden konnten, von hoher Bedeutung, um die Relevanz von Neugier in diesem Kontext beurteilen zu können. Die primäre Aufgabe bestand darin, Besuchern und Ausstellern, die auf den Stand kamen, bei Fragen zur Verfügung zu stehen und ihnen die Marke „Texpertise

[59] Vgl. Lohmann/Pyka/Zanger (2017), S. 68.

[60] Vgl. Lohmann/Pyka/Zanger (2017), S. 69.

[61] Vgl. ebd., S. 76.

[62] Vgl. Schmitt (2006), S. 97.

[63] Vgl. Wegner (2017), S. 131.

[64] Vgl. ebd., S. 130.

Network" und deren Bedeutung zu erläutern. In diesem Zuge sollten die Auslands-
messen vorgestellt werden, mit dem Ziel der Gewinnung potenzieller Aussteller für
diese.

An zwei der vier Tage wurde die Metaverse Experience angeboten und es zeigten
sich klare Unterschiede: An den Tagen ohne Metaverse Experience kamen etwa fünf
bis maximal zehn Personen an den Globalstand. Zudem waren die Gespräche kurz.
Es wurde gefragt, was hinter dem Namen „Texpertise Network" steckt. Sobald das
geklärt war, gingen die meisten Besucher weiter. Während der Metaverse Experience
wurden pro Tag etwa 50 Personen verzeichnet. Diese Zahl ist belegt, da der beauf-
tragte Dienstleister der Experience aufgezeichnet hat, wie viele Personen die Metaverse Experience ausprobiert haben. Folglich hielten sich während der Metaverse
Experience fünfmal mehr Personen auf dem Stand auf.

Zudem wurden längere Gespräche geführt. Die Personen stellten wesentlich mehr
Fragen, also beispielsweise, was man sieht, sobald die VR-Brille aufgezogen wird,
oder weshalb das gemacht wird oder welches Angebot es gibt. Die Besucher waren
neugieriger und artikulierten einen deutlich höheren Bedarf an Informationen. Da
nur zwei VR-Brillen zur Verfügung standen, mussten Interessierte immer wieder
warten; dies erwies sich als hervorragende Gelegenheit, um mit diesen Personen
zu sprechen und ihnen die Marke „Texpertise Network" näher zu bringen. Damit
konnte die Kommunikationsfunktion des Messestandes sehr gut erfüllt werden.
Die Mehrheit der Besucher hatte noch nie eine Metaverse Experience erlebt und
war dementsprechend neugierig und teils auch etwas aufgeregt. Wie im Abschnitt
„Texpertise Network Globalstand" erläutert wurde, verankern sich diese Informationen dann tiefer im Gehirn, da die Personen das zum ersten Mal gemacht haben. Viele
Besucher blieben auch auf dem Gang stehen und schauten auf den Globalstand, da
dort die Personen mit den VR-Brillen standen oder saßen. Allein das zu sehen, erzeugte Aufmerksamkeit. Nach den zwei Tagen mit virtuellem Erlebnis-Angebot
kamen Besucher an den Globalstand und fragten explizit nach der Metaverse Experience.

Die Metaverse Experience entwickelte sich somit zur Attraktion und zog mehr
Personen auf den Messestand, sorgte für längere und detailliertere Gespräche und
erzeugte eine langfristige Erinnerung bei den Besuchern.

Die Relevanz von Neugier im Kontext dieses Beispiels zeigt die hohe Bedeutung.
Wäre die Metaverse Technologie schon eine etablierte Technik, die viele bereits ken-
nen, wäre die Neugier sehr wahrscheinlich nicht so groß gewesen. Zudem spielt die
Tatsache eine Rolle, dass vor der Metaverse Experience eine Unsicherheit darüber
besteht, wie die virtuelle Welt aussieht. Um dies herauszufinden, muss die VR-Brille
aufgezogen werden.

Die nachstehende Abbildung zeigt einen Besucher mit VR-Brille in der Metaverse Experience.

Abbildung 3: Metaverse Experience auf dem Texpertise Network Globalstand.
Quelle: Eigene Aufnahme.

b) Ausprägung

Die Neugier der Besucher auf dem Globalstand zeigte sich anhand verschiedener Ausprägungsmerkmale. Zum einen befanden sich, wie im vorherigen Abschnitt bereits erläutert, mehr Personen auf dem Stand als ohne die Metaverse Experience. Des Weiteren wurden längere und intensivere Gespräche geführt. Die Besucher zeigten ernsthafteres Interesse an den Auslandstextilmessen im Vergleich zu den Tagen ohne die Metaverse Experience. Zudem war die Neugier an dem offensichtlichen „Ausprobieren-wollen" erkennbar: Bereits die erste oder zweite Frage war, ob man das denn ausprobieren könne. Dies zeigt, wie im Abschnitt „Definition Neugier" erläutert, dass Neugier in Explorationsverhalten resultiert. Außerdem waren einige Besucher sogar dazu bereit, eine längere Zeit – teilweise bis zu 15 Minuten – zu warten, um die Metaverse Experience erleben zu können. Dies unterstreicht erneut die Neugier der Zielgruppe und deren Verhalten mit dem Angebot; Besucher blieben teilweise stehen, um sich die Attraktion näher anzuschauen, und kamen anschließend an den Stand, um spezifisch Fragen zu stellen.

Hinsichtlich der im entsprechenden Abschnitt vorgestellten Arten von Neugier können hierbei die unspezifische und die diverse Neugier erkannt werden. Die unspezifische Neugier wird durch die Neuartigkeit einer Situation oder eines Gegenstands ausgelöst. Dies war auf dem Globalstand der Fall. Viele Besucher trugen noch nie eine VR-Brille und wollten diese Neuartigkeit dementsprechend ausprobieren. Die diverse Neugier beschreibt das Bedürfnis, nach neuen Erfahrungen zu suchen und das eigene Wissen hinsichtlich etwas Unbekanntem zu erweitern. Auch dies war bei den Besuchern der Fall, viele hatten das Bedürfnis, die Metaverse Ex-

perience auszuprobieren und somit ihre Erfahrungen oder ihr bisheriges Wissen zu erweitern. Je nach Situation und somit je nach Attraktion auf einem Event können verschiedene Neugier-Arten ausgelöst werden.[65]

c) Inszenierungspotenzial

Wird das Beispiel des Texpertise Network Globalstandes betrachtet, so war hier die primäre Zielsetzung, mit der Metaverse Experience Aufmerksamkeit zu generieren und somit die Besucher auf den Stand zu locken. Des Weiteren sollten Informationen der Marke „Texpertise Network" kommuniziert werden und dies idealerweise so, dass eine langfristige Verankerung im Gedächtnis erfolgt. Eine größere Anzahl an VR-Brillen sowie eine noch vielseitiger gestaltete virtuelle Welt mit mehr als den drei dort gestellten Aufgaben hätten das positive Ergebnis noch weiter steigern können.

Da es, wie im Abschnitt „Arten von Neugier" vorgestellt, verschiedene Arten von Neugier gibt und diese durch unterschiedliche Gegebenheiten ausgelöst werden können, handelt es sich um ein hohes Inszenierungspotenzial. Die jeweilige Art der Neugier kann an das Ziel und die Zielgruppe der jeweiligen Veranstaltung angepasst werden. Ist etwa das Ziel der Veranstaltung die Vermittlung von Wissen, sollte die wissenschaftliche Neugier oder die Interesse-Typ-Neugier betrachtet und durch äußere Gegebenheiten ausgelöst werden. Dadurch, dass sich Emotionen auf Events, wie im Abschnitt „Definition Neugier" erläutert, verstärken und sich die Besucher gegenseitig „anstecken", kann damit auch die Neugier der Besucher gegenseitig gefördert werden. Dieses Phänomen wurde auch während der Metaverse Experience auf dem Globalstand festgestellt. Je mehr Personen sich auf dem Stand befanden und darauf warteten, die Metaverse Experience auszuprobieren, desto mehr Besucher blieben stehen und stellten Fragen, was es auf dem Stand gibt und ob sie das auch ausprobieren können. Dementsprechend kann auch das Spiegelphänomen bei der Eventplanung miteinbezogen und bei der gezielten Verstärkung von Emotionen berücksichtigt werden.

IV. Fazit

Je nach Zielsetzung und Zielgruppe eines Events kann Neugier eine Rolle spielen. Dementsprechend ist Neugier als Erfolgsfaktor je nach Eventform mehr oder weniger relevant. Hinsichtlich eines Messeauftritts, welcher das Ziel verfolgt, bestimmte Informationen zu kommunizieren, wie es bei dem Texpertise Network Globalstand der Fall war, lässt sich Neugier als Erfolgsfaktor sehr gut einsetzen und ist somit eindeutig relevant. Die Metaverse Experience, die für viele noch neu ist, generierte Aufmerksamkeit und Neugier bei den Besuchern. Durch die kollektiven Emotionen und

---

[65] Vgl. Kreitler/Kreitler (1981), S. 147.

das Spiegelphänomen breiteten sich diese Emotionen weiter aus. Hier ist jedoch zu beachten, dass zwar die Anzahl an interessierten Besuchern auf dem Stand gestiegen ist, jedoch deren Qualität für eine finale und ganzheitliche Beurteilung des Erfolgs im Nachgang zu überprüfen ist.

Emotionen stellen die zentrale Komponente zur Beschreibung der Konsumerlebnisse der Besucher dar; wie sie wahrgenommen werden, ist von Bedeutung.

Da es verschiedene Arten von Neugier gibt, kann vorab überlegt werden, welche Art von Neugier ausgelöst werden soll. Wurde hier eine Entscheidung getroffen, kann im nächsten Schritt darüber nachgedacht werden, wie diese Neugier ausgelöst werden kann. Die unspezifische Neugier beispielsweise wird durch die Neuartigkeit einer Situation oder eines Gegenstandes ausgelöst. Somit kann die Ausprägung individuell je nach Eventform, Zielsetzung und Zielgruppe angepasst werden.

Zusammenfassend bedeutet dies, dass Neugier eine entscheidende Rolle hinsichtlich des Erfolgs eines Events spielen kann. Dies muss jedoch individuell und auf die jeweilige Situation bezogen werden: je nachdem, welche Ziele verfolgt werden und welche Zielgruppe angesprochen wird. In diesem Kontext können die verschiedenen Neugier-Arten in Betracht gezogen werden. Je nachdem, ob die Zielgruppe gezielt nach neuem Wissen sucht, um eine Wissenslücke zu schließen, oder ob es lediglich um die Neuartigkeit eines Gegenstandes geht. Dementsprechend können die Auslöser für die jeweilige Art von Neugier auch gezielt eingesetzt werden.

Verwendete und weiterführende Literatur

Bauer, Joachim (2005): Warum ich fühle, was du fühlst. Intuitive Kommunikation und das Geheimnis der Spiegelneurone. 4. Auflage, Hamburg.

Bruhn, Manfred (2010): Kommunikationspolitik. Systematischer Einsatz der Kommunikation für Unternehmen. 6. Auflage, München.

Clausecker, Sabine (2015): Touch Me If You Can. Von der Kunst, Menschen mit Events wirklich zu berühren und warum das heute wichtiger denn je ist, in: Zanger, C. (Hrsg.): Events und Emotionen. Stand und Perspektiven der Eventforschung, Wiesbaden, S. 291–302.

Dimberg, U. (1982): Facial reactions to facial expressions, in: Psychophysiology, Vol. 19, Nr. 6, S. 643–647.

Dorsch, Friedrich/*Wirtz*, Markus Antonius (Hrsg.) (2021): Dorsch – Lexikon der Psychologie. 20. Auflage, Bern.

Drenger, Jan (2014): Events als Quelle inszenierter außergewöhnlicher und wertstiftender Konsumerlebnisse – Versuch einer Definition des Eventbegriffes, in: Zanger, C. (Hrsg.): Events und Messen. Stand und Perspektiven der Eventforschung, Wiesbaden, S. 113–140.

Drenger, Jan (2015): Die Gestaltung emotionaler Erlebnisse im Eventmarketing mittels Inszenierung: Erkentnisse der Appraisal-Theorien, in: Zanger, C. (Hrsg.): Events und Emotionen. Stand und Perspektiven der Eventforschung, Wiesbaden, S. 151–178.

Hatfield, Elaine/*Cacioppo*, John T./*Rapson*, Richard L. (2002): Emotional contagion, Cambridge.

Herbst, Dieter Georg (2015): Zur Bedeutung von Spiegelphänomenen für Emotionen auf Events, in: Zanger, C. (Hrsg.): Events und Emotionen. Stand und Perspektiven der Eventforschung, Wiesbaden, S. 21–42.

Isikman, Elif/*MacInnis*, Deborah J./*Ülkümen*, Gülden/*Cavanaugh*, Lisa A. (2016): The Effects of Curiosity-Evoking Events on Activity Enjoyment, in: Journal of Experimental Psychology, Vol. 2016, Nr. 22, S. 319–330.

Kirchgeorg, Manfred (2009): Live Communication Management. Ein strategischer Leitfaden zur Konzeption, Umsetzung und Erfolgskontrolle, Wiesbaden.

Kreitler, Hans/*Kreitler*, Shulamith (1981): Die kognitiven Determinanten des Neugierverhaltens, in: Voß, H.-G./Keller, H. (Hrsg.): Neugierforschung. Grundlagen, Theorien, Anwendungen, Weinheim, S. 144–174.

Krieger, Rainer (1981): Ungewißheit und Wißbegier. Von der reizinduzierten Motivation zu einer Wert-Erwartungs-Theorie, in: Voß, H.-G./Keller, H. (Hrsg.): Neugierforschung. Grundlagen, Theorien, Anwendungen, Weinheim, S. 80–108.

Lexa, Carsten (2021): Fit für die digitale Zukunft. Trends der digitalen Revolution und welche Kompetenzen Sie dafür brauchen, Wiesbaden/Heidelberg.

Loewenstein, George (1994): The Psychology of Curiosity: A Review and Reinterpretation, in: Psychological Bulletin, Nr. 116, S. 75–98.

Lohmann, Katja/*Pyka*, Sebastion/*Zanger*, Cornelia (2017): Der Einfluss einer erlebnisorientiert gestalteten Umwelt auf die Empfänglichkeit für Emotionale Ansteckung – Eine experimentelle Untersuchung am Messestand, in: Zanger, C. (Hrsg.): Events und Erlebnis. Stand und Perspektiven der Eventforschung, Wiesbaden/Heidelberg, S. 65–96.

Miletic, Bernard (2022): Hypothalamus – Was ist das? Eine Definition, https://www.futura-sciences.com/de/hypothalamus-was-ist-definition_10218/ (abgerufen am 26.03.2023).

Naughton, Carl (2016): Neugier. So schaffen Sie Lust auf Neues und Veränderung, Berlin.

Online-Redaktion Zukunftsinstitut (2023): Was macht Menschen neugierig? Elektronisch veröffentlicht unter der URL: https://www.zukunftsinstitut.de/artikel/was-macht-menschen-neugierig/ (abgerufen am 25.03.2023).

Richter, Martina (2017): Lernen. Mehrwert und geistiges Weiterkommen für Teilnehmer, in: Bühnert, C./Luppold, S. (Hrsg.): Praxishandbuch Kongress-, Tagungs- und Konferenzmanagement. Konzeption & Gestaltung, Werbung & PR, Organisation & Finanzierung, Wiesbaden/Heidelberg, S. 721–732.

Riedl, Lars (2006): Spitzensport und Publikum. Überlegungen zu einer Theorie der Publikumsbildung, Schorndorf.

Rudolph, Udo (2015): Emotionen im Alltag: Es gibt nichts Gutes, außer man fühlt es?, in: Zanger, C. (Hrsg.): Events und Emotionen. Stand und Perspektiven der Eventforschung, Wiesbaden, S. 1–20.

Schmitt, Irmtraud (2006): Praxishandbuch Event Management. Das A – Z der perfekten Veranstaltungsorganisation; mit zahlreichen Checklisten und Mustervorlagen. 2. Auflage, Wiesbaden.

Spielberger, Charles D./*Frain*, Florence/*Peters*, Ruth (1981): Neugier und Angst. in: Neugier-forschung. Grundlagen, Theorien, Anwendungen, hrsg. von Voß, H.-G./Keller, H., Wein-heim, S. 197–225.

Storch, Maja/*Tschacher*, Wolfgang (2014): Embodied communication. Kommunikation be-ginnt im Körper, nicht im Kopf. 1. Auflage, Bern.

Vaas, Rüdiger: Emotionen, https://www.spektrum.de/lexikon/neurowissenschaft/emotionen/3405 (abgerufen am 20.02.2024).

Walter, Nicolas (2017): NEUGIER. Wichtige Voraussetzung für die berufliche Leistung von Wissensarbeitern?, in: gfwm THEMEN, Nr. 13, S. 6–13.

Wegner, Kai (2017): Augmented Reality und Virtual Reality in Veranstaltungen, in: Knoll, T./Sossna, D./Thomas, O./Grosser, T./Strzebkowski, R./Lohr, J./Wegner, K./Schroll, W./Knoll, N./Schulz, M./Meinel, C./Schweiger, S./Prüser, S./Schultze, M. (Hrsg.): Veranstaltungen 4.0. Konferenzen, Messen und Events im digitalen Wandel, Wiesbaden/Heidelberg, S. 121–134.

Wolf, Antje/*Jackson*, Ulrike (2015): Von der Gruppe zur Masse – Wirkung und Nutzen kollek-tiver Emotionen im Eventkontext, in: Zanger, C. (Hrsg.): Events und Emotionen. Stand und Perspektiven der Eventforschung, Wiesbaden, S. 43–58.

Zillich, Stefan (2017): Neugier als Leitmotiv anwenden … und aushalten, in: gfwm THEMEN, Nr. 13, S. 4–5.

Zimbardo, Philip G./*Gerrig*, Richard J. (Hrsg.) (2004): Psychologie. 16. Auflage, München.

Matchmaking

Von *Sophia Knörr*

I. Begriffliche Grundlagen

1. Networking

Der Begriff ‚Networking' beschreibt die Verhaltensmuster von Menschen im geschäftlichen Zusammenhang. Darunter versteht man das Schließen, Festigen und Nutzen von Kontakten, um die eigenen Erfolge auszubauen.[1] Eine wichtige Rolle beim Thema Networking spielt die Persönlichkeit der Menschen. Manchen fällt das Networken leichter, anderen hingegen bereitet es eher Schwierigkeiten.[2] Introvertierte präferieren Zweiergespräche und benötigen einen Ort, an dem sie zur Ruhe kommen können. Im Gegenzug möchten Extrovertierte aktiv Kontakt knüpfen und kommen leichter mit vielen Eindrücken zurecht.[3] Neben der Beachtung von Persönlichkeitsmerkmalen kann primär das Prinzip der Selbstähnlichkeit beachtet werden. Finden Personen zusammen, die ähnliche Ansichten, Interessen und Erfahrungen haben, so können Personen leichter miteinander in Kontakt treten, da sie automatisch Themen haben, an die sie im Gespräch anknüpfen.[4]

2. Matchmaking

Das Wort Matchmaking stammt aus dem Englischen und bedeutet ins Deutsche übersetzt so viel wie ‚Verkupplung'. Beim Matchmaking geht es also darum, zwei oder mehrere Menschen miteinander in Kontakt zu bringen. Bekannt geworden ist der Begriff Matchmaking durch die Entwicklung vieler bekannter Dating-Plattformen.[5] Mittlerweile wird Matchmaking ebenfalls vielseitig im Businesskontext eingesetzt. Durch Matchmaking wird es möglich, die richtigen Menschen zur richtigen Zeit an einem passenden Ort und nach passenden Interessen in Verbindung zu bringen. Nicht nur im privaten Kontext, sondern auch bei Veranstaltungen spielt Matchmaking eine immer größere Rolle, um das Networking zwischen Teilnehmern weiter

---

[1] Vgl. Schätzlein, 2021, S. 796.

[2] Vgl. Schätzlein, 2021, S. 802.

[3] Vgl. Schätzlein, 2021, S. 809.

[4] Vgl. Schätzlein, 2021, S. 809.

[5] Vgl. Hagen/Luppold, 2017, S. 256.

voranzutreiben und effizienter zu gestalten.[6] Teilweise ist Matchmaking sogar das primäre Ziel des Events!

3. Matchmaking Plattform

Um Matchmaking auf digitaler Ebene durchzuführen, gibt es spezielle Matchmaking-Plattformen. Diese bieten Veranstaltungsteilnehmern die Option, vor, während und nach einer Veranstaltung mit anderen Teilnehmern in Kontakt zu treten. Dabei müssen sich die Veranstaltungsteilnehmer nicht einmal physisch gegenüberstehen.[7]

Bei der Nutzung einer Matchmaking Plattform wird der Teilnehmer zu Beginn nach Beruf, Interessen, Fähigkeiten und weiteren relevanten Kriterien befragt. Durch einen Algorithmus werden diese Daten analysiert[8] und es findet eine „Vernetzung von Teilnehmern auf Interessen- und Kompetenzbasis"[9] statt. Bei übereinstimmenden Interessen oder Kompetenzen entsteht ein Match. Daraufhin werden die Nutzer informiert und können via Chat miteinander in Kontakt treten.[10]

Diese Matchmaking-Funktion wird meist im Zusammenhang mit vielseitigen Eventplattformen angeboten. Diese wiederum verfügen neben dem beschriebenen Matchmaking-Tool oftmals über weitere Funktionen, wie eine Kalenderansicht, virtuelle Messestände, eine Hallenplanansicht und vieles mehr.[11]

4. Dramaturgie von Matchmaking

Der Begriff Dramaturgie wird von dem Wort Drama abgeleitet und bedeutet ‚Handlung'. Eine Handlung ist eine chronologische Reihenfolge von Geschehnissen. Das gilt nicht nur für Theaterstücke, sondern auch für Veranstaltungen jeglicher Art. Auf Events findet eine Aneinanderreihung verschiedener Programmpunkte statt, die zusammen eine ganze Handlung abbilden. Das bedeutet, auch Events benötigen eine Dramaturgie.[12]

In der Regel beginnt der Spannungsbogen zu dem Zeitpunkt, an dem Veranstaltungsteilnehmer eine Einladung erhalten oder beschließen, eine Veranstaltung zu besuchen. Der Anfang einer Veranstaltung ist äußerst relevant, da er die Art und Weise des Events vorgibt und die nötige Aufmerksamkeit weckt. Das Matchmaking einer Veranstaltung beginnt ebenfalls deutlich vor der Veranstaltung, nämlich zum Zeitpunkt der Registrierung auf der jeweiligen Matchmaking-Plattform. Dies ist gleich-

---

[6] Vgl. Converve Online, o. J. b.

[7] Vgl. Converve Online, o. J. a.

[8] Vgl. Converve Online, o. J. b.

[9] GBC German Convention Bureau e. V., 2015, S. 17.

[10] Vgl. Messe Düsseldorf, 2019, o. S.

[11] Vgl. Talque, o. J.

[12] Vgl. Altenbeck/Luppold, 2023, S. 25.

zeitig der Beginn des Spannungsbogens. Weitere Faktoren, wie ein Countdown oder Benachrichtigungen zur Erinnerung, geben der Handlung dramaturgische Züge.[13] Der Augenblick des Höhepunkts im Bereich Matchmaking lässt Spielraum zu. Es ist anzunehmen, dass das Aufeinandertreffen zwischen den zuvor gebildeten Matches und der Moment des tatsächlichen Austausches der Höhepunkt des Matchmakings sind. Es ist allerdings zu vermuten, dass dieser Höhepunkt, je nach persönlicher Zielsetzung, von Teilnehmer zu Teilnehmer variieren kann. Damit keine Eintönigkeit in der Dramaturgie von Matchmaking entsteht, sollten in der Zwischenzeit weitere Programmpunkte stattfinden. Nachdem das Treffen der ‚Matches' auf der Veranstaltung zu Ende ist, flacht auch der Spannungsbogen ab. Das Ende des Spannungsbogens bei dem Faktor Matchmaking ist allerdings nicht das eigentliche Ende der Veranstaltung. Für die Nutzer der Plattform besteht weiterhin die Möglichkeit, auf der Matchmaking-Plattform aktiv zu sein, um beispielsweise Kontakte zu verfolgen. Das bedeutet, der Spannungsbogen von Matchmaking endet einige Zeit nach der Veranstaltung.[14] An dieser Stelle ist es außerdem wichtig zu betonen, dass Matchmaking ohne die Hilfe einer Plattform einen deutlich kürzeren Spannungsbogen hat, da das Matchmaking nur mit viel Mühe verlängert werden kann. Meist findet Matchmaking dann nur vor Ort und nicht im Vorfeld und im Nachgang der Veranstaltung statt.[15]

5. Inszenierung von Matchmaking

Die Inszenierung beziehungsweise Gestaltung von Events, aber auch von Matchmaking im Speziellen, sollte primär die Sinne des Menschen ansprechen, damit das Event und das Matchmaking so lange wie möglich im Gedächtnis erhalten bleiben.[16]

Eine Inszenierung auf Präsenzveranstaltungen startet mit der Nutzung der digitalen Plattform im Vorfeld der Veranstaltung, wird während der Veranstaltung fortgesetzt und endet mit der Nutzung der Plattform zur Kontaktnachverfolgung im Nachgang der Veranstaltung.[17] Bei digitalen und hybriden Events sieht dieser Prozess natürlich etwas anders aus.

Für den Einsatz von Matchmaking auf einer Veranstaltung muss der Veranstalter im Vorfeld ein Konzept entwickeln, welches die Sinne der Veranstaltungsteilnehmer optimal anspricht.[18] Dazu zählt zum einen eine optisch ansprechende und intuitiv zu bedienende Matchmaking-Plattform. Diese weckt die Aufmerksamkeit der Teilnehmer und stimmt sie auf die Veranstaltung und das Matchmaking ein. Auf der Veranstaltung vor Ort hat der Veranstalter nun zum anderen die Möglichkeit, das Matchmaking mit Hilfe geeigneter Räumlichkeiten und Bestuhlung passend zu inszenie-

---

[13] Vgl. Converve Online, o. J. d.

[14] Vgl. Altenbeck/Luppold, 2023, S. 25 ff.

[15] Vgl. Converve Online, o. J. a.

[16] Vgl. Altenbeck/Luppold, 2023, S. 36.

[17] Vgl. Converve Online, o. J. a.

[18] Vgl. Altenbeck/Luppold, 2023, S. 44.

ren[19] und eine Wohlfühlatmosphäre anzubieten. Zudem muss der Raum ein Rückzugsort für Gespräche sein.[20] Dafür sind weitere Faktoren, wie etwa Lichtverhältnisse, Temperatur und Lautstärke relevant – um die Sinne der Teilnehmer umfassend anzusprechen.[21]

II. Matchmaking als ein wesentlicher Erfolgsfaktor für Events

1. Relevanz

Die grundsätzliche Relevanz von Matchmaking wird bei einem Blick auf die wesentlichen Ziele von Veranstaltungsteilnehmern deutlich. Das Knüpfen und Pflegen von Kontakten, das sogenannte ‚Networking', gilt als Überbegriff für Matchmaking und als eines der relevantesten Ziele für Veranstaltungsteilnehmer.[22] Matchmaking gilt als eine effizientere und schnellere Methode, Networking zu betreiben. Durch den Einsatz von KI (Künstlicher Intelligenz) oder eines Matching-Algorithmus werden Menschen mit übereinstimmenden Interessen auf direktem Wege zusammengeführt. Sie verlieren so weniger Zeit, da sie sich nicht erst auf die Suche nach passenden Kontakten machen müssen.[23] Es ist wichtig zu betonen, dass neben dem geplanten Matchmaking auch Raum für ungeplante Begegnungen gegeben sein muss. Kaffeepausen oder andere Programmpunkte schaffen entsprechende Möglichkeiten. Gesteuerte und ungesteuerte Begegnungen schließen sich nicht aus, sondern können sich ergänzen.[24]

Neben seiner grundsätzlichen Bedeutung hat der Erfolgsfaktor ‚Matchmaking' vor allem in den vergangenen Jahren stark an Relevanz gewonnen. Ein Grund dafür ist der Paradigmenwechsel im Bereich des digitalen Wandels und der damit verbundene Anstieg an digitaler Akzeptanz in unserer Gesellschaft.[25]

Digitale Entwicklungen in der Veranstaltungsbranche wurden durch die Auswirkungen der Corona-Pandemie extrem beschleunigt; schon gleich zu Beginn der Pandemie war eine entsprechende Reaktionsgeschwindigkeit gefordert.[26] Die MICE-Branche stieg ersatzweise auf die Durchführung digitaler und hybrider Events um. Diese Veranstaltungsformate wurden dabei von Online-Plattformen unterstützt.[27] Das Bedürfnis nach Face-to-Face-Kontakten wurde in der Zeit der Pandemie jedoch

---

[19] Vgl. Altenbeck/Luppold, 2023, S. 36 ff.

[20] Vgl. Schätzlein, 2021, S. 807.

[21] Vgl. Altenbeck/Luppold, 2023, S. 44 f.

[22] Vgl. Schätzlein, 2021, S. 801; congreet, 2017, S. 1.

[23] Vgl. Converve Online, o. J. b.

[24] Vgl. Hagen/Luppold, 2017, S. 259 f.

[25] Vgl. Knoll, 2017, S. 2; vgl. McKinsey & Company, 2022, o. S.

[26] Vgl. Penzkofer, 2021, S. 93.

[27] Vgl. Penzkofer, 2021, S. 88 ff.

immer größer und es war klar, dass die Branche den Weg zurück zu den Präsenzveranstaltungen gehen will.[28] Die digitalen und hybriden Events haben gezeigt, dass es im Grunde nicht möglich ist, Kontakte im virtuellen Raum so zu knüpfen und zu pflegen wie in Präsenz.[29] Ein großer Vorteil von Matchmaking-Plattformen ist allerdings die Möglichkeit, das Networking in größerem Umfang, eben auch vor und nach der eigentlichen Veranstaltung, durchzuführen.[30] Dies wurde erkannt – Veranstalter nutzen die Plattformen auch bei vielen Präsenzveranstaltungen (die so in gewisser Weise einen hybriden Charakter erhalten).

Auch in der Gesellschaft konnte eine ansteigende digitale Akzeptanz verzeichnet werden. Mittlerweile werden in vielen Lebensbereichen digitale Dienste angeboten, die von Konsumenten zunehmend genutzt und als selbstverständlich angesehen werden; generationenübergreifend steigt die Technikaffinität an.[31] Der wichtige Megatrend Konnektivität beschreibt diesbezüglich sehr passend, auf welche Weise sich die Gesellschaft und damit auch die Eventbranche entwickelt.[32] Laut Zukunftsinstitut handelt sich hierbei um „das Prinzip der Vernetzung auf Basis digitaler Infrastrukturen".[33] Es entwickelt sich eine immer weiter vernetzte Gesellschaft. Diese Entwicklung stellt auch für Unternehmen Herausforderungen dar. Sie müssen ein neues Verständnis für den digitalen Wandel entwickeln, sich neue Kompetenzen aneignen sowie auch neue Entwicklungsmöglichkeiten in Betracht ziehen. Neben den technologischen Aspekten ist es zudem wichtig, soziale und kulturelle Faktoren mit einzubeziehen. All das führt dazu, dass Unternehmen ihre Ansichten und Strategien ändern müssen, um weiterhin Erfolge zu erzielen und um enge Kundenbindungen zu wahren.[34] Auch die Veranstaltungsbranche muss sich mit diesen Entwicklungen befassen und neue Handlungspotenziale erkennen.

Die beschriebenen Gründe und Entwicklungen zeigen, wie wichtig die Vernetzung von Teilnehmenden auf Veranstaltungen ist und welch große Rolle dabei Matchmaking-Plattformen spielen.

2. Ausprägung

In welcher Form Matchmaking bei Veranstaltungen eingesetzt wird, kann von Veranstaltungsformat zu Veranstaltungsformat variieren. Ausschlaggebend dafür sind vor allem die Ziele, die mit der jeweiligen Veranstaltung erreicht werden sollen.

---

[28] Vgl. Penzkofer, 2021, S. 92; Hännes'chen, 2022, o. S.

[29] Vgl. Dienes/Naujoks/Rief, 2021, S. 34.

[30] Vgl. GBC German Convention Bureau e. V., 2015, S. 17.

[31] Vgl. McKinsey & Company, 2022, o. S.

[32] Vgl. Altenbeck/Luppold, 2023, S. 49.

[33] Zukunftsinstitut, o. J., o. S.

[34] Vgl. Zukunftsinstitut, o. J., o. S.

a) Vorteile von Matchmaking

Um im nächsten Schritt aufzuzeigen, bei welchen Formaten der Einsatz von Matchmaking Sinn macht, werden zu Beginn kurz die Vorteile von Matchmaking beleuchtet.

Durch Matchmaking wird primär ermöglich, dass Veranstaltungsteilnehmer mit einem geringen Aufwand in kurzer Zeit viele wertvolle Kontakte knüpfen.[35] Der Prozess, in dem nicht oder weniger relevante Kontakte ausgefiltert werden, wird dabei meist von dem jeweiligen Matchmaking-Tool übernommen. Kontakte können bereits vor der Veranstaltung geknüpft und nach der Veranstaltung weiter gepflegt werden.[36] Es entsteht eine längere (nachhaltige) Lebensdauer von Kontakten, was in der Regel dazu führt, dass zunehmend Vertrauen aufgebaut und die Bindung zwischen den Personen enger wird.[37]

Auch für Veranstalter bieten Matchmaking-Plattformen eine hilfreiche Unterstützung. Die meisten können, etwa zur Auswertung von Daten, die während der Laufzeit der Veranstaltung entstanden sind, verwendet werden. Das hilft dabei, Erfolge zu identifizieren und zukünftig Verbesserungen zu realisieren.[38]

b) B2B-Veranstaltungsformate und ihre Ziele

Im folgenden Abschnitt werden drei ausgewählte B2B-Veranstaltungsformate und deren Ziele genauer beleuchtet.

Messe:

Die Ziele, die mit einer Messe erreicht werden sollen, variieren je nach Betrachtungsweise. Die primären Ziele von Ausstellern sind beispielsweise das Knüpfen und Pflegen von Kontakten mit Kunden, die Präsentation von Produkten oder Dienstleistungen und die Steigerung des Bekanntheitsgrades.[39] Messebesucher hingegen wollen sich auf Messen nach neuen Produkten und Dienstleistungen umschauen, Informationen und neues Wissen sammeln, aber auch geschäftliche Kontakte knüpfen und pflegen.[40]

Kongress:

Ein Kongress ist ein Veranstaltungsformat, bei dem sich Menschen versammeln, um sich gemeinsam über Erkenntnisse und Gedanken auszutauschen, Meinungen zu

---

[35] Vgl. Converve Online, o. J. b.

[36] Vgl. Converve Online, o. J. a.

[37] Vgl. Hosang, o. J.

[38] Vgl. Converve Online, o. J. b.

[39] Vgl. Ausstellungs- und Messe-Ausschuss der Deutschen Wirtschaft e. V., 2021, o. S.

[40] Vgl. Ausstellungs- und Messe-Ausschuss der Deutschen Wirtschaft e. V., 2013, S. 40.

bilden oder Entscheidungen zu treffen.[41] Die primären Ziele eines Kongresses sind Wissensvermittlung, Erfahrungsaustausch, Repräsentation und Networking.[42]

Workshop:

Ein Workshop ist ein Veranstaltungsformat, bei dem sich Teilnehmer zusammenfinden, um gemeinsam Lösungen zu einer bestimmten Problematik zu erarbeiten. Workshops bestehen zu einem hohen Anteil an praktischer Aktivität. In kleinen Gruppen sollen dabei, beispielsweise mit Hilfe von Fallbeispielen oder Arbeitstechniken und dem gebündelten Wissen der Teilnehmer, neue Ideen oder Konzepte generiert werden.[43]

c) Ausprägung von Matchmaking

Nach der Vorstellung dieser Formate und deren Ziele folgen nun die Ausprägung und Bedeutung von Matchmaking in den jeweiligen Formaten.

Messe:

Wie zuvor geschildert, zählt Networking zu den wichtigsten Zielen von Ausstellern und Messebesuchern.[44] Es ist deshalb davon auszugehen, dass es für Messeteilnehmer von Bedeutung ist, viele für sie relevante Kontakte zu knüpfen. Matchmaking spielt bei Messen deshalb eine äußerst große Rolle. Bei den meisten Messen wird Matchmaking durchgängig angeboten: Es beginnt meist mit der Registrierung beziehungsweise der Anmeldung und dem Matching-Verfahren auf einer digitalen Plattform bereits vor dem Messestart. Vor Ort finden dann die zuvor über die Plattform vereinbarten Meetings, meist in angemieteten Räumen oder speziellen Networking-Zonen, statt.[45] Nach der Messe können die Teilnehmer über die Plattform erneut Kontakt zu ihren Matches aufnehmen und im besten Fall langfristige Kontakte bilden.[46] Wenn also ein Besucher oder ein Aussteller mit dem primären Ziel auf die Messe geht, Kontakte zu knüpfen, dann ist das Vorhandensein von Matchmaking auf der Messe definitiv ein Faktor, von dem die jeweilige Person ihre Teilnahme abhängig macht. Allerdings im Kontext anderer Angebote der Veranstaltung, also nicht als singuläres Entscheidungskriterium. Der Fokus bei den Besuchern liegt vor allem auf der Gewinnung von Information über Neuheiten und einem ganzheitlichen Marktüberblick.[47] Für Aussteller sind neben dem Knüpfen von Kontakten der Austausch mit Stammkunden und die Steigerung ihrer Bekanntheit sehr relevant.[48]

---

[41] Vgl. Bühnert, 2017, S. 126.

[42] Vgl. Bühnert, 2017, S. 128; Knoll, 2018, S. 19.

[43] Vgl. Knoll. 2018, S. 36.

[44] Vgl. Ausstellungs- und Messe-Ausschuss der Deutschen Wirtschaft e. V., 2021, o. S.

[45] Vgl. Messe Düsseldorf, 2019, o. S.

[46] Vgl. Converve Online, o. J.b.

[47] Vgl. Ausstellungs- und Messe-Ausschuss der Deutschen Wirtschaft e. V., 2013, S. 40.

[48] Vgl. Ausstellungs- und Messe-Ausschuss der Deutschen Wirtschaft e. V., 2021, o. S.

Kongress:

Auch bei Kongressen gilt Networking als ein relevantes Ziel für Veranstaltungsteilnehmer.[49] Andere Ziele, wie der Wissenstransfer sowie die Fort- und Weiterbildung, stehen allerdings an oberster Stelle.[50] Dadurch, dass sich Kongressteilnehmer
sowieso während eines Kongresses zu gewissen Themen der jeweiligen Branche austauschen, ist davon auszugehen, dass das Knüpfen von Kontakten vielmehr durch Er-
fahrungs- und Wissensaustausch entsteht. Ein geplantes Zusammenführen mit Hilfe
von Matchmaking ist in diesem Kontext teilweise gar nicht nötig, da die Teilnehmer
bereits einer Branche angehören.

Des Weiteren bestimmt die Anzahl der Veranstaltungsteilnehmer in der Regel,
wie intensiv untereinander kommuniziert und interagiert wird. Auf kleineren Kongressen beziehungsweise in kleineren Gruppen ist es deutlich einfacher, sich mit anderen Teilnehmern auszutauschen und Networking zu betreiben. Auf großen Kongressen gestaltet sich die Kommunikation naturgemäß schwieriger. Findet daher
ein Kongress mit einer Vielzahl von Teilnehmern statt, kann es durchaus sinnvoll
sein, Matchmaking anzubieten. Das gibt den Anwesenden die Chance auch bei mehreren Tausend Teilnehmern gezielt Kontakte zu knüpfen.[51]

Workshop:

Bei Workshops ist es an erster Stelle wichtig, gemeinsam Lösungen zu finden und
neue Ideen zu entwickeln. Im Fokus des Veranstaltungsformats steht also das gemeinsame Ziel, das es zu erreichen gilt.[52] Die Teilnehmer arbeiten in kleinen Gruppen und zeitlich befristet eng zusammen. Das bedeutet, auch wenn Networking bei
Workshops kein primäres Ziel von Teilnehmern ist, kann es sich ergeben, dass Teilnehmer beispielsweise in Kaffeepausen miteinander ins Gespräch kommen und so
wertvolle Kontakte entstehen. Bei Kleingruppen ist der Grad an Interaktivität
höher als bei großen Gruppen. Menschen sind in diesen Gruppen kommunikativer
und so entstehen leichter Gespräche.[53] Bei Workshops findet Networking also in
der Regel eher beiläufig und in kleinen Teilen statt. Die Intention, bei einem Workshop so viele relevante Kontakte zu knüpfen wie möglich, ist überwiegend eher niedrig, da es hauptsächlich um die Lösungsfindung von Problemen geht.[54] Aus diesem
Grund ist Matchmaking bei einem Workshop eher kein entscheidender Faktor für die
Teilnahme.

Zusammenfassend lässt sich sagen, dass der Faktor Matchmaking kein Faktor ist,
durch den eine Veranstaltung grundsätzlich steht oder fällt, wie es bei anderen Faktoren der Fall ist. Die Mehrheit der Veranstalter sieht Matchmaking allerdings als ein

---

[49] Vgl. Knoll, 2018, S. 19.
[50] Vgl. Bühnert, 2017, S. 128.
[51] Vgl. Bühnert, 2017, S. 127.
[52] Vgl. Knoll, 2018, S. 36.
[53] Vgl. Bühnert, 2017, S. 127.
[54] Vgl. Knoll, 2018, S. 36.

äußerst wichtiges Element zur Erzielung von Erfolgen bei Veranstaltungen.[55] Vor allem im Zuge der ansteigenden Digitalisierung wird Matchmaking ein immer wichtigerer Faktor von Veranstaltungen, der die Teilnahme an Veranstaltungen optimiert und lohnenswerter macht.[56]

III. Inszenierungspotenzial von Matchmaking am Beispiel einer Messe

Vor allem bei Messeveranstaltungen spielt Matchmaking eine große Rolle, da dort zahlreiche Akteure einer oder mehrerer Branchen aufeinandertreffen.[57] In diesem Setting ist es für Teilnehmer oft nicht leicht, schnell die passenden Kontakte zu finden, weshalb Matchmaking dort optimal zum Einsatz kommen kann: Eine Messe ist großflächig und weitläufig organisiert, findet über einen längeren Zeitraum statt und bietet trotz eines thematischen Fokus ein breites Angebot an Themen. Der folgende Abschnitt erläutert beispielhaft die Inszenierung von Matchmaking auf einer Messeveranstaltung:

Bevor Matchmaking bei einer Messeveranstaltung eingesetzt wird, muss der Veranstalter in der Planungsphase definieren, welche Ziele erreicht werden sollen, damit auch das Matchmaking entsprechend ausgerichtet werden kann.[58] Anhand dessen wird eine Matchmaking-Plattform mit geeigneten Funktionen ausgewählt. Wie bereits im Abschnitt „Inszenierung von Matchmaking" geschildert, ist es wichtig, dass das Matchmaking und die dazugehörige Plattform auf den Nutzer ausgerichtet sind. Neben den passenden Funktionen sind eine intuitive Bedienung der Plattform und ein ansprechendes Design wichtige Faktoren. Für den Kunden soll primär ein Erlebnis geschaffen werden, welches seine Sinne optimal anspricht.[59]

Einige Tage oder auch schon Wochen vor der Messe registrieren sich die Veranstaltungteilnehmer auf der Plattform. Im ersten Schritt geben sie ihre Kontaktdaten, wie Name, Unternehmen und Branche, an. Im zweiten Schritt vermerken sie ihre individuellen Interessengebiete im Kontext des Messebesuchs, beziehungsweise was sie auf der Veranstaltung suchen und anderen Teilnehmern bieten können. Meist kann aus vordefinierten Kategorien ausgewählt werden, welche zuvor vom Veranstalter in Abhängigkeit von den Veranstaltungszielen festgelegt wurden. Nachdem sich der Teilnehmer auf der Plattform registriert hat, werden seine angegebenen Daten durch einen Algorithmus oder KI-gestützt (Künstliche Intelligenz) analysiert[60], woraufhin eine „Vernetzung von Teilnehmern auf Interessen- und Kompe-

---

[55] Vgl. Converve Online, o.J.c.

[56] Vgl. Hagen/Luppold, 2017, S. 256.

[57] Vgl. Ausstellungs- und Messe-Ausschuss der Deutschen Wirtschaft e.V., 2022, o.S.

[58] Vgl. Converve Online, o.J.c.

[59] Vgl. Altenbeck/Luppold, 2023, S. 36.

[60] Vgl. Converve Online, o.J.b.

tenzbasis"[61] stattfindet. Die Teilnehmer erhalten eine Benachrichtigung, dass sich ein Match mit einer anderen Person ergeben hat. Im Anschluss können die Teilnehmer Terminvorschläge an ihre Matches versenden, welche von den Angefragten bestätigt werden müssen.[62] Um den dramaturgischen Spannungsbogen weiter aufzubauen, ist es sinnvoll, den Teilnehmern regelmäßig Erinnerungsnachrichten zu senden oder auf der Plattform einen Countdown bis hin zur Veranstaltung vorzusehen. Das weckt die Aufmerksamkeit und steigert die Vorfreude der Teilnehmer auf die Veranstaltung.[63]

Auf der Veranstaltung können die Teilnehmer dann die vereinbarten Termine mit ihren Matches durchführen. Dafür werden, wie bereits an anderer Stelle erwähnt, in der Regel Räume gemietet oder Networking-Zonen eingerichtet, in welchen die Gespräche stattfinden können.[64] Neben dem geplanten Networking durch Matchmaking ist allerdings auch das spontane Networking zu betrachten. Dafür werden in der Regel Pausen zwischen den Programmpunkten genutzt. Je nach Veranstaltung müssen dafür Zeit und Raum vorhanden sein. Für die Planenden ist daher sehr wichtig, genügend Zeit für das Knüpfen von Kontakten vorzusehen. Dafür sollten zum einen die Pausen lang genug sein, damit die Teilnehmer nicht aus ihren Gesprächen gerissen werden. Zum anderen können Veranstalter zusätzliche Rahmenprogrammpunkte, wie ein gemeinsames Kennenlernen am Vorabend der Veranstaltung oder ein Gettogether nach der Veranstaltung, anbieten. Zudem ist es von Relevanz, den Teilnehmern eine angenehme Atmosphäre zu bieten, in der sie sich wohlfühlen und in welcher sie sich zum Networking beziehungsweise Matchmaking eingeladen fühlen. Dafür sollte der Raum eine geeignete Größe entsprechend der Teilnehmeranzahl haben. Der Einsatz von Pflanzen, Tageslicht und einer adäquaten Temperatur sind Parameter für eine locker-professionelle Stimmung. Damit die Menschen eine gewisse Zeit verweilen können, sollten außerdem ausreichend Getränke und Speisen zur Verfügung stehen.[65] Für die Bestuhlung eignen sich kleine Sitzgruppen und bequeme Lounges, in denen zwei oder mehr Personen für einen bestimmten Zeitraum verweilen können. Neben den Sitzecken können außerdem Stehtische aufgestellt werden, damit auch kürzere Gespräche geführt werden können.[66] Eine klassische Reihenbestuhlung beispielsweise sollte an dieser Stelle eher vermieden werden, da sich die Personen hierbei nicht gegenübersitzen oder stehen und so der Austausch untereinander gehemmt wird.[67]

Nach dem Treffen auf der Messe haben die Teilnehmer erneut die Möglichkeit, sich mit ihren Matches oder anderen Kontakten auf der Plattform auszutauschen. Dafür können sie beispielsweise die Chatfunktion nutzen. Oft bieten Plattformen

---

[61] GBC German Convention Bureau e. V., 2015, S. 17.

[62] Vgl. Messe Düsseldorf, 2019, o. J.

[63] Vgl. Converve Online, o. J.d.

[64] Vgl. Hagen/Luppold, 2017, S. 257.

[65] Vgl. Schätzlein, 2021, S. 806 f.

[66] Vgl. Schätzlein, 2021, S. 807 f.

[67] Vgl. Schätzlein, 2021, S. 811.

auch den Austausch über Videotelefonie an. Grundsätzlich von Vorteil für Veranstaltungsteilnehmer ist, dass sie bei allen Kontakten erneut die Plattform nutzen können, so etwa zum Austausch von Kontaktdaten oder zur Verabredung von Follow-up-Terminen, sofern dies noch nicht während der Veranstaltung erledigt wurde.[68] Wollen Veranstalter den Spannungsbogen des Matchmakings verlängern oder den Teilnehmern weitere Networking-Möglichkeiten bieten, dann eignet sich beispielsweise die Durchführung einer abschließenden Networking-Veranstaltung, einige Tage oder wenige Wochen nach der Hauptveranstaltung.[69]

IV. Kritik und Grenzen von Matchmaking

Matchmaking zielt darauf ab, Menschen in Kontakt zu bringen, die ähnliche Interessen haben oder sich gegenseitig durch das, was sie suchen oder bieten, ergänzen können. Ein Kritikpunkt ist dabei, dass spontane und ungeplante Treffen von Menschen nicht ausreichend gewürdigt werden. Doch auch unvorbereitete Begegnungen können im geschäftlichen und privaten Kontext durchaus sehr bereichernd sein.[70] Deshalb ist es wichtig, dass sich Veranstalter zusätzliche Konzepte überlegen, die dies – wie etwa Business Speed Dating – ermöglichen.

So reibungslos Matchmaking in der Theorie auch funktionieren mag, in der Praxis zeigen sich gewisse Grenzen. Damit Matchmaking in der Praxis umgesetzt werden kann, benötigt es eine ausreichende Anzahl an Beteiligten sowie deren Angaben. Bei zu vielen Auswahlmöglichkeiten auf der Plattform ist es zu kompliziert, für Nutzer die richtigen Kategorien und Interessen zu wählen, wodurch die Zuteilung der Matches zu ungenau werden kann.[71]

V. Fazit und Ausblick

Durch die grundsätzliche Relevanz von Networking bei Veranstaltungen ist auch die Relevanz von Matchmaking hoch. Der in Zeiten der Pandemie entstandene verstärkte Einsatz von Event-Plattformen mit Matchmaking-Funktion ist nach der Rückkehr zu Präsenzveranstaltungen als bewährtes Gestaltungselement geblieben. Matchmaking mit Hilfe von Plattformen bietet neue Chancen für die Branche und hilft dabei, Veranstaltungen zu verbessern.

Die Ausprägung von Matchmaking ist allerdings abhängig vom jeweiligen Veranstaltungsformat. Die Zielsetzung, der Zweck der jeweiligen Veranstaltung und die Erwartungen der Zielgruppe sind ausschlaggebend für den Einsatz und den Umfang

---

[68] Vgl. Converve Online, o.J.b.

[69] Vgl. Schätzlein, 2021, S. 807.

[70] Vgl. Dienes/Naujoks/Rief, 2021, S. 27.

[71] Vgl. Taepke, 2021, o.S.

von Matchmaking. Grundsätzlich kann Matchmaking beiläufig eingesetzt werden, aber auch als Hauptbestandteil fungieren.

Bei der Inszenierung von Matchmaking stehen Erlebnis und Nutzen der Veranstaltungsteilnehmer im Vordergrund. Eine Matchmaking-Plattform muss also verständlich und selbsterklärend aufgebaut sein – und zu einer Vernetzungs-Situation vor Ort führen, die reibungslos und in Wohlfühl-Atmosphäre stattfindet.

Ein Blick auf die Entwicklungen im Bereich der Digitalisierung sowie der gesellschaftlichen Veränderungen lässt vermuten, dass Matchmaking mit Hilfe von adäquaten Plattformen eine zunehmend bedeutende Rolle spielen wird.

Verwendete und weiterführende Literatur

Altenbeck, D./*Luppold*, S. (2023): Inszenierung und Dramaturgie für gelungene Events, 2. Auflage, Wiesbaden (Springer).

Ausstellungs- und Messe-Ausschuss der Deutschen Wirtschaft e. V. (Hrsg.) (2013): Informationsverhalten von Fachbesuchern auf Messen. Ergebnisse einer repräsentativen Primärerhebung auf deutschen Fachmessen, Berlin.

Ausstellungs- und Messe-Ausschuss der Deutschen Wirtschaft e. V. (2021): Aussteller haben im Schnitt acht Messeziele, https://www.auma.de/de/medien/meldungen/aussteller-haben-im-schnitt-acht-messeziele (abgerufen am 23. 03. 2023).

Ausstellungs- und Messe-Ausschuss der Deutschen Wirtschaft e. V. (2022): Branchenmessen: Treffpunkt für Problemlöser, https://www.auma.de/de/MesseErfolg/cluster (abgerufen am 25. 05. 2023).

Bühnert, C. (2017): Kongressmanagement per Definition, in: Bühnert, C./Luppold, S. (Hrsg.): Praxishandbuch Kongress-, Tagungs- und Konferenzmanagement. Konzeption & Gestaltung, Werbung & PR, Organisation & Finanzierung, Wiesbaden (Springer).

Congreet (2017): Motivation von Besuchern zur Teilnahme an Business Events. Eine empirische Studie von congreet, extension://elhekieabhbkpmcefcoobjddigjcaadp/https://www.congreet.com/wp-content/uploads/2017/10/Studie_congreeet_Motivation_Business_Events.pdf (abgerufen am 06. 04. 2023).

Converve Online (o. J.a): Bedeutung von Networking & Matchmaking für Veranstaltungen, https://www.converve.com/de/event-networking-blog/bedeutung-von-networking-matchma king-fuer-veranstaltungen/ (abgerufen am 20. 03. 2023).

Converve Online (o. J.b): 10 Gründe, warum B2B-Events in 2022 eine Matchmaking Plattform brauchen, https://www.converve.com/de/event-networking-blog/10-grunde-warum-b2b-events-in-2022-eine-matchmaking-plattform-brauchen/ (abgerufen am 20. 03. 2023).

Converve Online (o. J.c): 18 Erfolgsfaktoren für gelungenes Matchmaking auf Business-Events, https://www.converve.com/de/event-networking-blog/18-erfolgsfaktoren-fuer-gelun genes-matchmaking-auf-business-events/ (abgerufen am 23. 03. 2023).

Converve Online (o. J. d): Matchmaking-Workshop Review: Mit diesen 4 Learnings wird's zum Erfolg, https://www.converve.com/de/event-networking-blog/matchmaking-workshop-re view-mit-diesen-4-learnings-wirds-zum-erfolg/ (abgerufen am 20.05.2023).

Converve (o. J. e): Virtuelle Matchmaking-Events: Warum ist das Event Format 2022 so beliebt?, https://www.converve.com/de/event-networking-blog/virtuelle-matchmaking-events-warum-ist-das-event-format-2022-so-beliebt/:~:text=Bei%20Converve%20analysiert% 20ein%20datengetriebener,gematcht%2C%20gefiltert%20und%20gesucht%20wird (abgerufen am 25.05.2023).

Dienes, K./*Naujoks*, T./*Rief*, S. (2021): Die zukünftige Rolle von Business Events im Kommunikationsmix von Organisationen, Stuttgart (Fraunhofer IAO).

GBC German Convention Bureau e. V. (2015): Future Meeting Space. Innovationskatalog Highlights, Frankfurt.

Hännes'chen, M. (2022): Der Drang nach Präsenzveranstaltungen ist groß, https://eventfaq.de/ der-drang-nach-praesenzveranstaltungen-ist-gross/ (abgerufen am 07.04.2023).

Hosang, K. (o. J.): Beziehungskompetenz ++ 3 Stufen menschlicher Verbindung, https://karlho sang.de/beziehungskompetenz/, (abgerufen am 23.03.2023).

Knoll, T. (2018): Veranstaltungsformate im Vergleich. Entscheidungshilfen zum passgenauen Event, Wiesbaden (Springer).

McKinsey & Company (2020): Umfrage: Seit COVID-19 nutzen die Deutschen digitale Kanäle wie nie zuvor, https://www.mckinsey.de/news/presse/umfrage-digitalisierung-deutschlands (abgerufen am 20.03.2023).

Messe Düsseldorf (2019): Messebesuch effizient gestalten: Aussteller und Besucher profitieren vom Matchmaking-Tool der Messe Düsseldorf, https://www.messe-duesseldorf.de/de/Presse/ Newsroom/Messebesuch_effizient_gestalten (abgerufen am 19.05.2023).

Penzkofer, H. (2021): Branchen im Fokus: Messebranchen, https://www.ifo.de/DocDL/sd-2021-10-penzkofer-messen.pdf (abgerufen am 19.04.2023).

Schätzlein, K. (2021): Networking auf Events. Wissenschaftliche Grundlagen und Handlungsempfehlungen für Eventveranstalter, in: Ronft, S. (Hrsg.): Eventpsychologie. Veranstaltungen wirksam optimieren: Grundlagen, Konzepte, Praxisbeispiele, Wiesbaden (Springer), S. V, S. 796–818.

Taepke, K. (2021): Matchmaking – Tipps und Tools für hybride, virtuelle und Präsenzevents, https://www.micestens-digital.de/matchmaking/ (eingestellt am 18.10.2021, abgerufen am 22.05.2023).

Talque (o. J.): Über 50 modulare Funktionen. Alles in einer Plattform!, https://web.talque.com/ de/funktionen/ (abgerufen am 22.05.2023).

Zukunftsinstitut (o. J.): Megatrend Konnektivität, https://www.zukunftsinstitut.de/dossier/mega trend-konnektivitaet/ (abgerufen am 22.05.2023).

Catering

Von *Vincent Czichon*

I. Einleitende Gedanken: Was ist Event-Catering?

Der Begriff des Catering entstammt dem englischen Verb *to cater* und bedeutet so viel wie „Lebensmittel liefern"[1] oder „jemanden verpflegen".[2] Die Übersetzungen liefern somit auch schon die Definition des Caterings, nämlich „die professionelle Bereitstellung von Speisen und Getränken als Dienstleistung an einem beliebigen Ort".[3]

Dieser Ansatz kann weiter spezifiziert werden, indem Catering nicht nur als Bereitstellung von Speisen und Getränken verstanden wird, sondern auch die Lebensmittelbeschaffung, -zubereitung und -entsorgung miteinbezieht.[4]

Das Catering ist dann Teil der mobilen Gastronomie[5], also Teil jener Gastronomie, welche nicht an einem festen Ort stattfinden muss und mithilfe von temporär mobiler gastronomischer Ausrüstung aufgebaut wird, wenn man Catering nicht nur als Zubereitung und Lieferung von Speisen und Getränken definiert, sondern auch das Personal sowie Equipment der Zubereitung in die Betrachtung integriert.[6]

Das Event-Catering kann als Form des Caterings angesehen werden. Bedeutend ist die zeitliche Begrenzung der Dienstleistung, da sie nur für die Dauer des Events benötigt wird und für die im Vorhinein definierte Zielgruppe und Anzahl an Gästen.[7]

Das Event-Catering unterscheidet sich insofern von Hotellerie-Betrieben, Restaurants sowie dem Pflege- und Hochschul-Catering, als dass meist kleinere Speisen angeboten werden, welche manchmal in Form von Finger-Food oder ohne Besteck im Stehen vor oder nach der Veranstaltung konsumiert werden können.[8]

---

[1] Hettler/Luppold, 2019, S. 3.

[2] Hettler/Luppold, 2019, S. 3.

[3] Hettler/Luppold, 2019, S. 3.

[4] Vgl. Henschel, 2010, S. 57; Kriegesmann, 2012a, S. 1; Pommereau, 2021, S. 55.

[5] Vgl. Hey Group GmbH, 2023c, o. S.

[6] Vgl. Kriegesmann, 2012a, S. 1; HSI Hotel Suppliers Index GmbH, 2022a, o. S.; Hey Group GmbH, 2023c, o. S.

[7] Vgl. Pommereau, 2021, S. 55.

[8] Vgl. Kästle, 2012, S. 159 f.; Kriegesmann, 2012a, S. 3 ff.

Dies lässt sich jedoch nicht pauschal definieren, da Kongresse, Galaveranstaltungen oder Hochzeiten das Catering in Form von größeren Angeboten und Speisefolgen ansehen. Folglich kann das Event-Catering als Sonderform des Caterings verstanden werden.[9]

II. Die Relevanz des Event-Caterings

Die Bereitstellung von Speisen und Getränken kann als fast immer vorhandener Bestandteil von Events angesehen werden. Da bereits das Trinken von Kaffee während eines Meetings als Catering gelten kann, können die allerwenigsten Veranstaltungen auf Catering verzichten. Optional ist Catering eher bei Selbstverpflegungs-Events oder im digitalen Eventbereich. Dennoch ist, mit Ausnahme von Online-Veranstaltungen, zumeist eine grundlegende Versorgung gegeben.[10]

Diese Perspektive wird noch deutlicher, wenn die Bedürfnisse des Menschen analysiert werden. Abraham Maslow stellte erstmals die These der Bedürfnishierarchie auf, welche besagt, dass der Mensch unterschiedliche Bedürfnisse zu erfüllen versucht. Als Grundbedürfnisse werden sogenannte physiologische Bedürfnisse genannt wie das Bedürfnis nach Nahrung, Wasser, Schlaf und Luft.[11]

Hier zeigt sich also bereits, dass die Bereitstellung von Speisen und Getränken ein essenzieller Bestandteil menschlichen Lebens ist. Dies kann auf die Veranstaltungsbranche übertragen werden und zeigt die integrale Bedeutung des Caterings für Events.

Events können inhaltlich makellos geplant und umgesetzt sein, jedoch erinnern sich Gäste zumeist stärker an das Event und memorieren es – in Verbindung mit der Veranstaltung! – dann negativ, wenn das Essen nicht ihren Anforderungen entsprach.[12]

Dem steht das große Potenzial des Caterings gegenüber – das Event zu einem unvergesslichen Erlebnis zu machen, das prägt und die Kulinarik mit dazu nutzt, die Botschaften emotionalisiert zu vermitteln sowie Erinnerungen zu generieren. Dies wird erreicht, indem der Gast Teil der zu erzählenden Geschichte des Veranstalters wird oder das Catering eine eigene Geschichte durch die Speisen und Getränke erzählt.[13]

---

[9] Vgl. Adler, 2012, S. 77 ff.; Kriegesmann, 2012a, S. 1 ff.

[10] Vgl. Kästle, 2012, S. 157; Kriegesmann, 2012a, S. 8; Sakschewski/Paul, 2017, S. 34; Hettler/Luppold, 2019, S. 1; Pommereau, 2021, S. 56; Wrathall/Sterioopoulos, 2022, S. 180; Hey Group GmbH, 2023c, o. S.

[11] Vgl. Maslow, 1970, S. 19 ff.; vgl. Altenbeck/Luppold, 2023, S. 20.

[12] Vgl. Adler, 2012, S. 77; Sakschewski/Bengs, 2012, S. 86; Dowson/Bassett, 2018, S. 95; Hettler/Luppold, 2019, S. 1; Hettler/Luppold, 2019, S. 7.

[13] Vgl. Adler, 2012, S. 77 ff.; Sakschewski/Bengs, 2012, S. 86; Sakschewski/Paul, 2017, S. 9; Sellerbeck, 2020, S. 181 ff.; Altenbeck/Luppold, 2023, S. 16.

III. Ausprägungen des Event-Caterings

Es besteht die Möglichkeit, das Catering entweder thematisch dem Event anzupassen oder eine standardisierte Auswahl an Speisen und Getränken anzubieten. Falls entschieden wird, das Catering dem Thema des Events anzupassen, muss darauf geachtet werden, dass dieses stringent verzahnt wird. Keinerlei Abweichungen dürfen erkennbar sein, damit das Event-Catering vollständig in dem Event-Konzept aufgeht.[14]

Neben Auftraggeber und Anlass des Events ist die Zielgruppe der Veranstaltung relevant – als sicherlich entscheidender Faktor des Event-Catering-Konzepts. Ist es ein Business-Event mit Key-Accounts des auftraggebenden Kunden, eine Image-Veranstaltung mit geladenen Journalisten, ein internes Incentive oder ein Sportspiel? Die Zielgruppe weist in der Regel Spezifika auf, welche bei der Catering-Konzeption berücksichtigt werden müssen: demographische Merkmale, Branchenspezifika, Allergien, Kulturen, Herkunft oder Religion. Damit einhergehen die erwartete Art und Qualität der Speisen und Getränke, sowie der Servicegrad des Cateringpersonals. Diese sind ebenfalls zielgruppenspezifisch geprägt.[15]

Entscheidend ist jedoch nicht nur die Zielgruppe des Events, sondern das Ziel und der Zweck. Weshalb ist das Event geplant? Was soll mit dem Event bewirkt werden? Diese konzeptionellen Entscheidungen und Grundgedanken prägen das Catering-Konzept enorm, denn dadurch wird die generelle Ausprägung des Events manifestiert.[16]

Es ist erforderlich, unterschiedliche Speisen und Getränke für die unterschiedlichen Ansprüche anzubieten, um den Großteil der Gäste zufriedenzustellen.[17]

Wichtig für die Auswahl der Speisen und der Getränke ist die Stimmigkeit zwischen Anlass, Konzept und Zielgruppe. Diese müssen dem Gesamtkonzept der Veranstaltung thematisch zuträglich sein und das Ziel des Kunden/Auftraggebers, welches er mit dem Event erreichen will, unterstützen, damit das Catering einen sinnvollen Beitrag für das Event leisten kann. Beispielsweise ein Ausdruck von Wertschätzung der Gäste in Form qualitativ hochwertigen Essens.[18]

Die Ausprägung des Event-Caterings kann sich stark unterscheiden.[19] So ist es möglich, dass das Essen essenzieller Teil des Veranstaltungskonzepts ist wie bei

---

[14] Vgl. Wrathall/Steriopoulos, 2022, S. 183; Altenbeck/Luppold, 2023, S. 29.

[15] Vgl. Adler, 2012, S. 78; Kästle, 2012, S. 164; Kästle, 2012, S. 176 f.; Sakschewski/Paul, 2017, S. 119; Dowson/Bassett, 2018, S. 95 f.; Knoll, 2018, S. 3 f.; Hettler/Luppold, 2019, S. 7 f.; Hettler/Luppold, 2019, S. 22; Wrathall/Steriopoulos, 2022, S. 182.

[16] Vgl. Bühnert, 2021, S. 416; Altenbeck/Luppold, 2023, S. 5.

[17] Vgl. Dowson/Bassett, 2018, S. 64 ff.; Dowson/Bassett, 2018, S. 96.

[18] Vgl. Adler, 2012, S. 78; Hettler/Luppold, 2019, S. 8; Hettler/Luppold, 2019, S. 22; Altenbeck/Luppold, 2023, S. 45; Hey Group GmbH, 2023c, o. S.

[19] Vgl. Adler, 2012, S. 79; Hettler/Luppold, 2019, S. 22 f.; Pommereau, 2021, S. 56 f.

„Dinnershows mit Varieté".[20] Hier ist das Catering von enormer Bedeutung für den Erfolg des Events und daher aktiv in die Konzeption des Events einzubeziehen. Nur dadurch kann es sein Potenzial entfalten und dem Ziel und Zweck der Veranstaltung für den Veranstalter zuträglich sein.[21] Durch das Catering kann die zu kommunizierende Botschaft vermittelt werden: Ein stringentes Einbeziehen des Catering-Konzepts in die generelle Konzeption ermöglicht dies, realisiert etwa durch gebrandetes Geschirr oder die thematische Auswahl von Speisen sowie individuell kreierte Getränke.[22]

Daneben kann Event-Catering aber auch nur Teil des Rahmenprogramms sein – durch die Bereitstellung von Saft, Kaffee, Wasser und Brezeln an Service-Stationen, etwa während Vorträgen im Rahmen von Kongressen oder Tagungen.

Eine Basis-Funktion des Caterings ist dann gegeben, wenn es lediglich um das Stillen von Hunger und Durst geht – beispielsweise in Form eines Angebots kalter Speisen in den Pausen eines Konzerts.

IV. Inszenierungspotenziale von Event-Catering

Inszenierung bezeichnet die bewusste Gestaltung und Schaffung von Atmosphäre bei Veranstaltungen.

Folglich kann auch Event-Catering inszeniert werden. Dies kann durch unterschiedliche Teilaspekte gelöst werden, um Event-Catering erfolgreich zu gestalten.[23]

Besonders bei Networking- oder Matchmaking-Events kann Catering einen essenziellen Beitrag leisten. Menschen, welche in Gesellschaft essen, fühlen sich wohl und sind Teil der Gruppe, in der sie sich befinden – das Zugehörigkeitsgefühl wird verstärkt.[24]

Folglich kann Catering Veranstaltungen mit kommunikativen Zielen, also einem „Informations-, Gedanken- und Erfahrungsaustausch"[25], dabei unterstützen, dies entlang eines roten Fadens zu erreichen.[26]

Einige der vielen Inszenierungspotenziale des Event-Caterings werden im Folgenden anhand der Abendveranstaltung einer Branchenfachmesse, der BIOFACH 2022, dargestellt.

---

[20] Pommereau, 2021, S. 57.

[21] Vgl. Adler, 2012, S. 78; Sakschewski/Paul, 2017, S. 19; Hettler/Luppold, 2019, S. 22 f.

[22] Vgl. Adler, 2012, S. 78 ff.; Altenbeck/Luppold, 2023, S. 11.

[23] Vgl. Altenbeck/Luppold, 2023, S. 36 f.

[24] Vgl. Dunbar, 2017, S. 201 ff.; University of Oxford, 2017, o. S.; Gaskell, 2023, o. S.

[25] Bühnert, 2021, S. 416.

[26] Vgl. Bühnert, 2021, S. 416 f.

Die BIOFACH ist die Weltleitmesse für Bio-Lebensmittel, welche im jährlichen Turnus auf dem Gelände der NürnbergMesse GmbH in Nürnberg stattfindet.[27] Während der Laufzeit der Messe findet eine Abendveranstaltung für die Mitarbeitenden ausstellender Unternehmen statt, als Ausdruck der Dankbarkeit für die Messebeteiligung, aber auch um Aussteller untereinander ins Gespräch zu bringen, da dies während der Öffnungszeiten eher schwierig ist. Die Abendveranstaltung beinhaltet meist Musik und Tanz, hier wertige Live-Musik, sowie der Messe thematisch angepasste Dekoration. Vor allem wird aber auch Catering angeboten. Das Ambiente der BIOFACH 2022, welche COVID-bedingt in den Sommer verlegt wurde[28], war eine Sommer-Party im Messepark auf dem Gelände der NürnbergMesse GmbH.

V. In-house versus Outsourcing

Für das Event-Catering bestehen zwei Möglichkeiten der Leistungserbringung: entweder das eigene Erbringen des Caterings einschließlich aller notwendigen Leistungen oder die externe Vergabe an einen Catering-Dienstleister. Beides hat Vor- und Nachteile.[29]

Für häufig wiederkehrende ähnliche Events in derselben Location bietet es sich an, selbst das Catering zu erbringen, da ein tiefes Verständnis für die Veranstaltung besteht und daneben die Location bekannt ist. Jedoch wird bei größeren und jeweils unterschiedlichen Veranstaltungen deutlich, dass teilweise die nötige Expertise im eigenen Unternehmen fehlt, um aufwändigere Cateringleistungen erbringen zu können. Ebenfalls kann das Outsourcing, also die „vollkommene oder partielle Ausgliederung"[30] bestimmter Leistungen zu einer erheblichen Kostensenkung und Qualitätsverbesserung führen.[31]

Bei dem Zukaufen des Catering und der Abwicklung über einen externen Caterer sind verschiedene Aspekte zu betrachten, da sie unterschiedlich organisiert sein können.[32]

Traditionell stellt ein Catering-Unternehmen vom Personal bis zum Equipment alles inklusive als „Paket". Wirtschaftlich scheinbar sinnvoll, aber der „Alles-aus-einer-Hand" widersprechenden Konzeption wäre es, Leistungsteile wie Geschirr vorzuhalten und dessen Nutzung vorzugeben. Der Caterer ist dann allerdings nicht mehr flexibel und anpassungsfähig genug.[33]

---

[27] Vgl. NürnbergMesse GmbH, o. J.a, o. S.

[28] Vgl. NürnbergMesse GmbH, 2022, o. S.

[29] Vgl. Wrathall/Steriopoulos, 2022, S. 182 f.

[30] Kriegesmann, 2012b, S. 113.

[31] Vgl. Kriegesmann, 2012b, S. 113 f.; Dowson/Bassett, 2018, S. 223 f.; Raj/Rashid, 2022, S. 225; Knoll, 2018, S. 4; Sellerbeck, 2020, S. 186; Wrathall/Steriopoulos, 2022, S. 182 f.

[32] Vgl. Hettler/Luppold, 2019, S. 4.

[33] Vgl. Hettler/Luppold, 2019, S. 4; Hettler/Luppold, 2019, S. 9.

Alternativ besteht die Möglichkeit, dass das Catering-Unternehmen zum eigenen das restliche Personal über Personaldienstleister beschafft und Equipment über spezialisierte Non-Food-Caterer, also Unternehmen, welche lediglich die Ausstattung für Catering bereitstellen, zumietet.[34]

Die gebräuchlichste Form ist eine Mischung der beiden Ansätze. Caterer leisten die Speisenzubereitung durch eigenes Personal, Servicekräfte werden extern engagiert und das Equipment wird aus dem eigenen und dem von Non-Food-Caterern gestellt.[35]

Es muss geprüft werden, ob der potenzielle Caterer die für das geplante Event nötige Quantität und Qualität an Speisen und Getränken leisten kann, und folglich, ob er gesamtlogistisch in der Lage ist, die Anforderungen des Veranstalters zu erfüllen. Diese werden auch Auswirkungen auf den Preis der Leistungen haben.[36] Zur Überprüfung der Speisenqualität bietet sich ein Probeessen an, gegebenenfalls sogar bei einem anderen von dem Dienstleister ausgerichteten Event.[37] Ebenso können die Zulieferer des Catering-Unternehmens näher betrachtet werden, um Regionalität, Saisonalität und Qualität der Zutaten sicherzustellen.[38]

Es lässt sich also festhalten, dass für mehrere unterschiedliche Veranstaltungen ein externes Catering-Unternehmen engagiert werden sollte (nicht „Make", sondern „Buy"); so können die eigenen Ressourcen auf andere wichtige Bestandteile der Veranstaltung gerichtet werden. Das Catering wird in vertrauensvolle Hände mit Erfahrung und Expertise abgegeben.[39]

Für das Catering bei der Abendveranstaltung der BIOFACH ist die Firma LEHRIEDER CATERING PARTY-SERVICE GmbH & Co. KG, eine Tochtergesellschaft der NürnbergMesse GmbH, zuständig.[40] Durch die enge Zusammenarbeit zwischen den beiden Unternehmen besteht ein großes Vertrauen, Qualität und Expertise sind bekannt. Dies wird verstärkt durch das geschulte Personal, welches primär LEHRIEDER CATERING PARTY-SERVICE GmbH & Co. KG zugehörig ist, nur wenige zusätzliche Servicekräfte werden über Personaldienstleister engagiert. Das erforderliche Equipment ist im Besitz des Caterers, somit besteht keine Herausforderung in Bezug auf die Verfügbarkeit.

---

[34] Vgl. Kriegesmann, 2012a, S. 1; Kästle, 2012, S. 173; Hettler/Luppold, 2019, S. 4; Pommereau, 2021, S. 56.

[35] Vgl. Hettler/Luppold, 2019, S. 4.

[36] Vgl. Adler, 2012, S. 81; Kästle, 2012, S. 177; Wrathall/Steriopoulos, 2022, S. 183.

[37] Vgl. Dowson/Bassett, 2018, S. 97; Hettler/Luppold, 2019, S. 13.

[38] Vgl. Dowson/Bassett, 2018, S. 96; Wrathall/Steriopoulos, 2022, S. 186 f.; Hey Group GmbH, 2023b, o.S.

[39] Vgl. Wrathall/Steriopoulos, 2022, S. 182 f.

[40] Vgl. NürnbergMesse GmbH, 2021, S. 13.

VI. Catering-Formate

Der Erfolg von Event-Catering wird nicht nur durch die Qualität der verpflichteten Dienstleister determiniert, sondern auch durch die Auswahl des wirkungsvollen, richtigen Formats.

Das in der herkömmlichen Gastronomie gebräuchlichste Angebot ist das sogenannte gesetzte Menü. Die Gäste speisen an in der Regel eingedeckten und dekorierten Tischen, die zuvor vom Veranstalter gewählten Gerichte werden am Platz serviert. Alternativ ist eine Bestellung à la carte möglich, wobei hier die Verzögerung des Servierens beachtet werden muss. Es ist logistisch herausfordernd, innerhalb eines engen Zeitfensters alle Gäste zu versorgen und keine Unterschiede im Service zu tolerieren. Dieses gleichzeitige Servieren alle Gerichte ist bei einer individuellen Auswahl deutlich schwieriger umzusetzen, da eine umfängliche Vorbereitung der Speisen im Vorhinein nötig ist.[41] Ein Parameter zur Sicherstellung von gleichzeitigem Servieren der Speisefolge – sowohl individuell als auch bei größeren gesetzten Essen mit einheitlichen Gerichten – ist die Personalkapazität. Hier muss darauf hingewiesen werden, dass jenseits der Kostendimension die zur Verfügung stehende Fläche eine Begrenzung bedeuten kann!

Ein beliebtes und häufig anzutreffendes Format des Event-Caterings ist das stationäre Büfett. Hierbei werden die fertigen Speisen auf Theken oder Tischen präsentiert und bei Bedarf warmgehalten. Die Gäste bedienen sich meist selbst, jedoch besteht auch die Möglichkeit, über eine Servicekraft ausgewählte Speisen zu portionieren oder zu servieren. Hier muss darauf geachtet werden, genügend Servicestationen aufzubauen, um langes Anstehen zu vermeiden. Personaleinsatz zur Unterstützung ist auch hilfreich, um Fragen der Gäste zu beantworten oder auf Besonderheiten hinzuweisen.[42]

Eine Form des Büfetts, für das kein Besteck benötigt wird, ist das sogenannte Flying Buffet. Hier werden den Gästen kleine Portionen unterschiedlichster Speisen angeboten, die nach Belieben (und selbstverständlich in mehreren Durchgängen) gewählt werden können. Das Ausprobieren von verschiedenen Speisen ist möglich, kann Thema für einen Dialog der Gäste untereinander sein, Genuss und eine entspannte Befriedigung von Hunger reichen sich die Hand. Herausfordernd kann hier der Bedarf an Geschirr sein, da jede Portion einzeln und in dafür geeigneten Behältnissen serviert wird.[43]

---

[41] Vgl. Cooking and More GmbH, o.J., o.S.; Adler, 2012, S. 79 f.; Hettler/Luppold, 2019, S. 16; Pommereau, 2021, S. 56.

[42] Vgl. Cooking and More GmbH, o.J., o.S.; Adler, 2012, S. 78 f.; Kästle, 2012, S. 176; Hettler/Luppold, 2019, S. 7; Wrathall/Steriopoulos, 2022, S. 188.

[43] Vgl. Cooking and More GmbH, o.J., o.S.; Adler, 2012, S. 79; Hettler/Luppold, 2019, S. 7; Pommereau, 2021, S. 56.

„Ähnlich wie das Flying Buffet ist Fingerfood eine beliebte Alternative"[44] zu herkömmlichen Menüs. Bei diesem Format werden, wie beim Flying Buffet, kleine Portionen von Speisen angeboten, wobei keinerlei Geschirr oder Besteck benötigt werden, sondern Servietten genügen. Es eignet sich besonders für Empfänge oder Starter eines Events.[45]

Eine sehr wertige Möglichkeit, um nicht bereits fertige Speisen zu präsentieren, bieten Frontcooking-Stationen. Hier wird frisch mit vorbereiteten Zutaten gekocht, Gäste werden Teil des Kocherlebnisses.[46]

Bei der Abendveranstaltung der BIOFACH waren die Stationen als kleine Holzhütten in Szene gesetzt. Jede Hütte hatte ein eigenes Speiseangebot, wodurch sich eine umfangreiche Auswahl ergab – und eine gewollte Bewegung der Gäste mit immer wieder neuen kleinen Gruppen.

VII. Logistik

Event-Caterer beziehen die Event-Location als eines der ersten Gewerke und verlassen diese auch meist als letztes; das Equipment wird in der Regel nur für den Zeitraum des Events benötigt und muss vollständig abgebaut werden. Somit muss alles rechtzeitig vor Ort sein und rechtzeitig wieder abgeholt und zurücktransportiert werden. Mit Blick auf die Logistik unterscheidet sich das Event-Catering stark von anderen gastronomischen Tätigkeiten.[47]

Die Anforderungen an die Logistik unterscheiden sich entsprechend der Art des Events und der Bedeutung des Caterings für dessen Erfolg. So ist der logistische Aufwand bei frisch zu kochenden Speisen an einem Gala-Abend deutlich größer als bei der Bereitstellung von kaltem Fingerfood während einer Konzertpause.[48]

Folglich ist zu unterscheiden, ob die Speisen vor Ort frisch zubereitet werden oder Vorarbeit in der Großküche stattfinden kann. Davon hängt ab, wie frühzeitig der Aufbau beginnen muss und wie viel Platz benötigt wird.[49]

Kochen in der Location erfordert logischerweise einen größeren Platzbedarf als andere Varianten des Caterings; so etwa Convenience-Speisen, welche meist tiefgefroren geliefert und am Veranstaltungsort lediglich erwärmt werden. Unter anderem werden mehr Müllcontainer und Leergutflächen benötigt.[50] Dies schließt auch die

---

[44] Adler, 2012, S. 79.

[45] Vgl. Cooking and More GmbH, o.J., o.S.; Adler, 2012, S. 79; Kriegesmann, 2012a, S. 8; Pommereau, 2021, S. 56.

[46] Vgl. Pommereau, 2021, S. 57; HSI Hotel Suppliers Index GmbH, 2022b, o.S.

[47] Vgl. Hettler/Luppold, 2019, S. 19; Pommereau, 2021, S. 56.

[48] Vgl. Adler, 2012, S. 80; Kästle, 2012, S. 172f.

[49] Vgl. Adler, 2012, S. 80.

[50] Vgl. Adler, 2012, S. 80f.; Kästle, 2012, S. 172ff.

Notwendigkeit des Trennens von Müll und eines möglichen Recyclings mit ein.[51] Daneben erfordert es Raum für die Zubereitung – und für die Köchinnen und Köche!

Nicht nur die Logistik im Veranstaltungsbereich ist zu berücksichtigen, sondern auch die Reinigungslogistik. Besteck, Geschirr und Gläser müssen über die definierten Servicewege in die Servicebereiche befördert und dort gegebenenfalls gespült werden.[52] Das Reinigen vor Ort ist nicht typisch, es erfordert zu viel Zeit und technische Infrastruktur. Einfacher und daher State-of-the-Art sind das Zurücktransportieren der benutzten Gegenstände und das Spülen in den eigenen Räumen des Caterers.

Zur benötigten Ausstattung für das Event-Catering zählen Kühl- und Gefrierschränke, Kombi-Dämpfer, Gasherde, Fritteusen, Spülmaschinen, Öfen und Geschirrwagen.[53]

Eine erfolgreiche Vor-Ort-Logistik ist dann gegeben, wenn die Gäste nicht merken, dass die Logistik überhaupt stattfindet.[54]

VIII. Hygiene

Hygiene ist bei der Arbeit mit Lebensmitteln unerlässlich. Dies bezieht sich nach der EU-Lebensmittelhygiene-Verordnung auf jeden Betrieb (und die entsprechenden Mitarbeitenden), welcher „Lebensmittel verarbeitet, herstellt, verpackt, lagert, befördert, behandelt, verteilt oder zum Verkauf anbietet".[55]

Häufig wird für die Sicherstellung dieser Regelungen das Konzept der Hazard Analysis Critical Control Point – kurz HACCP – angewendet. Dieses Eigenkontrollsystem garantiert die Lebensmittel- und Hygienesicherheit.[56] Es beinhaltet eine Gefahrenanalyse im Lebensmittelherstellungsprozess, sowie eine Analyse aller kritischen Kontrollpunkte in den unterschiedlichen Stufen – von der Herstellung über den Transport bis hin zum Verkauf der Lebensmittel. Hierbei ist ein kritischer Kontrollpunkt (CCP) jener Zeitpunkt in der Lieferung, bei welchem die Lebensmittel verunreinigt und kontaminiert werden könnten und bei welchem geeignete Gegenmaßnahmen gewählt werden sollten. Dabei sind die beteiligten Personen, die Zutaten an sich und das verwendete Equipment zu untersuchen. Wichtig bei HACCP sind die Kontrolle der Reinheit an den CCPs und das sofortige Einschreiten mit den geplanten

---

[51] Vgl. Hettler/Luppold, 2019, S. 9.

[52] Vgl. Adler, 2012, S. 79; Hettler/Luppold, 2019, S. 9.

[53] Vgl. Adler, 2012, S. 80; Kästle, 2012, S. 172 f.; Hettler/Luppold, 2019, S. 9.

[54] Vgl. Adler, 2012, S. 80 f.; Kästle, 2012, S. 172 f.

[55] Hettler/Luppold, 2019, S. 26.

[56] Vgl. Bowdin et al., 2011, S. 185 f.; Braun, 2012, S. 243 f.; Hettler/Luppold, 2019, S. 26; Bundesinstitut für Risikobewertung, 2021, S. 1 f.

Gegenmaßnahmen bei Abweichungen von Schwellenwerten. Die Dokumentation aller Handlungen und Überprüfungen erfolgt ebenfalls an den CCPs.[57]

Dies schließt das Event-Catering selbstverständlich mit ein und beinhaltet die Bereitstellung von Handwaschbecken für Catering-Personal, das Ausspülen von verwendeten Getränkeschläuchen vor und nach der Veranstaltung, das Unterweisen des Personals mit nötigen Hygiene-Schulungen, das regelmäßige Abwaschen jeglicher Arbeitsflächen, die Verarbeitung von Lebensmitteln mit Handschuhen, aber auch das Bereitstellen von Hygieneschutz in Form von Plexiglas („Spuckschutz") bei der Warenpräsentation oder das einzelne Verpacken von Speisen. Zu beachten ist, dass einzelne Verpackungen der Speisen deutlich mehr Müll verursachen als ein Büfett. Hier ist eine individuelle Abwägung von Werten des Veranstalters und des Events an sich nötig.[58]

Das Nicht-Einhalten dieser Regelungen und Maßnahmen kann sehr negative Auswirkungen auf das Event haben, wie Lebensmittelvergiftungen und schlechtes Image, sowohl für das Catering-Unternehmen als auch den Veranstalter.[59] Das Einhalten trägt somit nicht zum Erfolg des Events per se bei, sondern ist eine unerlässliche Sicherheitskomponente!

IX. Nachhaltige Ernährung

Laut einer Experten-Umfrage von Nutrition Hub und dem Bundeszentrum für Ernährung aus dem Jahr 2023 glauben 48 Prozent der Befragten, dass sich das deutsche Konsumverhalten langfristig in Richtung klimafreundliche und nachhaltige Ernährung entwickeln wird.[60] Mit nachhaltiger Ernährung ist eine überwiegend pflanzenbasierte Ernährungsweise mit regionalen und saisonalen Lebensmitteln gemeint, welche die Gesundheit einer Person fördert und mit einer geringen Umweltbelastung, fair gehandelt, bezahlbar und kulturell akzeptiert zu einem optimalen Wachstum, sowie psychischem, körperlichem und sozialem Wohlbefinden gegenwärtiger und künftiger Generationen beitragen soll.[61]

Fast die Hälfte der Deutschen bevorzugten im Jahr 2022 bei der privaten Lebensmittelbeschaffung regional produzierte Produkte gegenüber anderen. Ebenso steigt seit 2019 die Anzahl der Deutschen, welche sich selbst als Vegetarier oder Vegeta-

---

[57] Vgl. Bowdin et al., 2011, S. 185 f.; Braun, 2012, S. 243 f.; Hettler/Luppold, 2019, S. 26; Bundesinstitut für Risikobewertung, 2021, S. 1 f.

[58] Vgl. Europäisches Parlament, 2004, Artikel 1; Bowdin et al., 2011, S. 508; Adler, 2012, S. 81; Kästle, 2012, S. 176; Hettler/Luppold, 2019, 26 f.; Hey Group GmbH, 2023c, o. S.

[59] Vgl. Bowdin et al., 2011, S. 185; Adler, 2012, S. 81.

[60] Vgl. NuHub GmbH/Bundeszentrum für Ernährung, 2023, S. 8 ff.

[61] Vgl. Deutsche Gesellschaft für Ernährung e. V., o. J., o. S.; Food and Agriculture Organization of the United Nations, 2019, S. 9.

rierin bezeichnen oder weitestgehend auf Fleisch verzichten, konstant an auf ein All-zeithoch 2022 von 7,9 Millionen Menschen.[62]

Dieses individuelle private Konsumverhalten kann auf die Anforderungen der Gäste bezüglich des Caterings auf Veranstaltungen übertragen werden. Erwartet wird die Berücksichtigung von persönlichen Präferenzen und Verhaltensweisen, auch als Zeichen der Wertschätzung, der Willkommenskultur, der Rolle als Gastgeber.

Caterer müssen sich folglich anpassen und vegetarische oder vegane Speisen anbieten; zugleich aber auch danach streben, alle Gerichte aus regional produzierten, saisonalen, möglicherweise biologisch angebauten Lebensmitteln zuzubereiten.[63] „Biologisch angebaut" ist eine Unterkategorie des Bio-Begriffs. Dieser beschreibt „die Art der Tierhaltung und die Tierfütterung"[64] und folgt einer strikten EU-Verordnung. Nach dieser dürfen nur Lebensmittel Bio genannt werden, wenn diese vollständig der EU-Verordnung folgen in der Erzeugung, Verarbeitung und Kontrolle.[65]

Die Mitarbeitenden der BIOFACH-Aussteller, die Zielgruppe der beschriebenen Abendveranstaltung, ernähren sich zu großen Teilen vegetarisch oder vegan, ebenso legen diese sehr großen Wert auf biologische und nachhaltige Ernährung. Auf Basis dieser Informationen ist das Catering auf diese Präferenzen ausgelegt. Auf Fleisch wird weitestgehend verzichtet. Glücklicherweise legt auch die LEHRIEDER CATERING PARTY-SERVICE GmbH & Co. KG einen großen Wert auf Regionalität, Saisonalität und Nachhaltigkeit, wodurch eine Prüfung der Eignung für das Event mit sensiblen Gästen nicht nötig ist.[66] Auch im Rahmenprogramm wird auf die Nachhaltigkeit geachtet. Die engagierte öko-zertifizierte Agentur Blumberg GmbH stellte Personal und mixte den Gästen eigens kreierte Cocktails mit oder ohne Alkohol aus Zutaten des Bio-Supermarkts der ebl-naturkost GmbH & Co. KG aus Fürth.[67]

X. Alkohol

Die Entscheidung, ob alkoholische Getränke während des Events ausgeschenkt werden sollen, darf nicht leichtfertig getroffen werden, da mit ihr mehrere Konse-

---

[62] Vgl. Institut für Demoskopie Allensbach Gesellschaft zum Studium der öffentlichen Meinung mbH, 2022, o. S.

[63] Vgl. Adler, 2012, S. 81; Kästle, 2012, S. 164; Kriegesmann, 2012a, S. 8; Reiser/Scherle, 2014, S. 323; Sakschewski/Paul, 2017, S. 241; Bladen et al., 2018, S. 396; Dowson/Bassett, 2018, S. 96; Hettler/Luppold, 2019, S. 33 f.; Große Ophoff, 2021, S. 288; Pommereau, 2021, S. 57; Dietger, 2022, S. 109; Lemoncat GmbH, 2022, o. S.; Altenbeck/Luppold, 2023, S. 33; Hey Group GmbH, 2023c, o. S.; Hey Group GmbH, 2023d, o. S.

[64] Hettler/Luppold, 2019, S. 29.

[65] Vgl. Der Rat der Europäischen Union, 2007, o. S.; Hettler/Luppold, 2019, S. 29.

[66] Vgl. LEHRIEDER CATERING PARTY-SERVICE GmbH & Co. KG, o. J., o. S.

[67] Vgl. Agentur Blumberg GmbH, o. J., o. S.; ebl-naturkost GmbH & Co. KG, o. J., o. S.; Agentur Blumberg GmbH, 2022, o. S.

quenzen einhergehen, welche individuell zu bewerten sind. Zwar kann Alkohol die Gemüter der Besucher erhellen und zu guter Stimmung auf dem Event führen, jedoch bestehen auch nicht zu unterschätzende Bedenken.[68]

Der Ausschank von Alkohol ist aus Veranstaltungssicherheitssicht kritisch zu betrachten. Sobald Alkohol auf einer Veranstaltung getrunken wird, erhöht sich das Gefährdungsrisiko, da ein übermäßiger Konsum zu einer erhöhten Lautstärke der Veranstaltung führt und Besucher zu unüberlegten Handlungen und im schlimmsten Fall zu Gewalt verleiten kann. Ein Überkonsum muss durch ein aktives Verweigern des Ausschanks an betrunkene Gäste verhindert werden.[69]

Auch ist der Verlust der Wahrnehmung von sicherheitsrelevanten Informationen wie Fluchtwegen oder das Nicht-Erkennen von Sicherheitsmängeln auf Alkoholkonsum der Gäste zurückzuführen.[70]

Die genannten Aspekte führen dazu, dass für ein Event stets abgewogen werden sollte, ob Alkohol tatsächlich ausgeschenkt wird oder nicht. Anlass, Zielgruppe und Kontext sind Determinanten.

Der Ausschank von alkoholischen Getränken ist gemäß § 9 Jugendschutzgesetz an Kinder und Jugendliche unter 16 Jahren und ohne Anwesenheit einer erziehungsberechtigten Person verboten. Dies kann sich durch die Ausrichtung des Events zwar erübrigen, muss jedoch stets beachtet werden.[71]

Auf der BIOFACH-Abendveranstaltung wurden Soft-Drinks, sowie Bier, zu großen Teilen von der Bio-zertifizierten Brauerei Neumarkter Lammsbräu Gebr. Ehrnsperger KG bezogen.[72] Folglich wurde auch Alkohol auf der Veranstaltung ausgeschenkt. Dies ist auf die geographische Lage Nürnbergs in Franken zurückzuführen (Wein und Bier als Kulturgut), aber auch auf die aktive Nachfrage internationaler Gäste nach heimischen Bieren.[73] Eine Abwägung erfolgt meist nicht, jedoch sind Servicepersonal und Sicherheitskräfte angehalten, Überkonsum zu unterbinden.

---

[68] Vgl. Bowdin et al., 2011, S. 507 f.; Paul/Sakschewski, 2014, S. 38 f.; Winnen et al., 2014, S. 265; Dowson/Bassett, 2018, S. 97; Wrathall/Steriopoulos, 2022, S. 184.

[69] Vgl. §19 GastG; Bowdin et al., 2011, S. 507 f.; Paul/Sakschewski, 2014, S. 38 f.; Winnen et al., 2014, S. 265; Dowson/Bassett, 2018, S. 97; Wrathall/Steriopoulos, 2022, S. 184.

[70] Vgl. Winnen et al., 2014, S. 264 ff.

[71] Vgl. § 9 JuSchG; Kästle, 2012, S. 186; Glöckner, 2017, S. 684; Moroff, 2021, S. 163.

[72] Vgl. Neumarkter Lammsbräu Gebr. Ehrnsperger KG, 2022, o. S.

[73] Vgl. Tourismusverband Franken e. V., o. J.a, o. S.; Tourismusverband Franken e. V., o. J.b, o. S.

XI. Ökologische Nachhaltigkeit im Event-Catering

Die Thematik der Nachhaltigkeit, also „des Einklangs von Ökologie, Ökonomie und sozialer Verantwortung"[74] ist nicht nur hinsichtlich des Wareneinsatzes und der Warenlogistik zu betrachten, sondern geht deutlich weiter.[75]

Die Einsparung von Ressourcen in den Bereichen Energie, Wasser und Abfall, durch eine realistische Einschätzung von Bedarfen und der Vermeidung von Überproduktion, sowie die Reduzierung von CO_2-Emissionen, besonders durch eine Verkürzung der Transportwege und den Einsatz von Elektrofahrzeugen, sind hier besonders hervorzuheben. Einsparung lässt sich durch entsprechend ausgestattetes Equipment, durch die Verwendung von ökologischen Reinigungsmitteln, das Anbieten von Leitungswasser statt gekauftem Wasser und klimafreundlichen Strom realisieren.[76]

Die Vermeidung von Kunststoff steht stärker im Fokus, generell wird der Vermeidung gegenüber der Reduzierung Vorrang gegeben. Die Verpackung der Speisen durch das Verwenden von kompostierbaren, recyclebaren oder essbaren Alternativen ist möglich, wodurch Müll vermieden wird.[77]

Auch die Verwendung von Mehrweggeschirr soll möglichst zum Standard werden.[78]

Besteck und Geschirr bei der BIOFACH-Abendveranstaltung bestand ausschließlich aus Glas, Porzellan und Edelstahl, Strohhalme waren recyclebar. An den Frontcooking-Stationen befanden sich Dips und Beilagen in Schalen ohne die Verwendung von Kunststoff. Energie wird vom Netz der NürnbergMesse GmbH bezogen, welches zunehmend Strom über ein batterie- und wasserstoffspeichergestütztes Photovoltaik-Kraftwerk bezieht.[79]

XII. Bestuhlung

Ein auf den ersten Anblick ungewöhnlicher Aspekt des Event-Caterings ist die Bestuhlung: Das Catering hat einen erheblichen Einfluss auf die Bestuhlung des Events.[80]

---

[74] Adler, 2012, S. 81.

[75] Vgl. Adler, 2012, S. 81.

[76] Vgl. Ebner Media Group GmbH & Co. KG, o.J., o.S.; Adler, 2012, S. 81; Bernard, 2012, S. 136 f.; Sakschewski/Bengs, 2012, S. 88 ff.; Große Ophoff, 2021, S. 283 ff.; Hey Group GmbH, 2023a, o.S.

[77] Vgl. Bladen et al., 2018, S. 396; Lemoncat GmbH, 2022, o.S.; Hey Group GmbH, 2023a, o.S.; Hey Group GmbH, 2023d, o.S.

[78] Vgl. Ebner Media Group GmbH & Co. KG, o.J., o.S.; Raj/Musgrave, 2009, S. 167.

[79] Vgl. NürnbergMesse GmbH, o.J.b, o.S.; Pelke, 2022, o.S.

[80] Vgl. Kästle, 2012, S. 165 f.

Erneut ist die Ausgangslage bestimmt durch den Anlass, die Art, die Zielgruppen und die Ziele des Events. Bei Festivals wird tendenziell wenig Bestuhlung benötigt, bei größeren Kundenveranstaltungen dafür schon. Wichtig ist, die geplante Bestuhlung und das Catering-Konzept mit der Location abzustimmen, die Verfügbarkeit des nötigen Mobiliars in der benötigten Quantität zu prüfen und gegebenenfalls Equipment zuzumieten. Ebenfalls sind Absprachen bezüglich des Raumbedarfs gemäß der gültigen Versammlungsstättenverordnung nötig.[81]

Für Event-Catering bestehen einige sinnvolle Bestuhlungsformen.

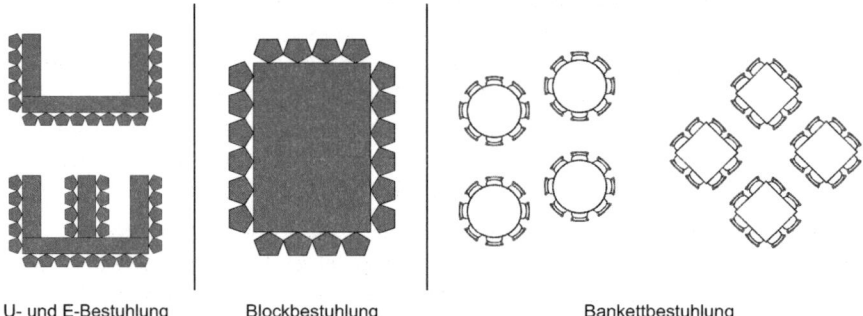

U- und E-Bestuhlung   Blockbestuhlung   Bankettbestuhlung

Abbildung: Auswahl gängiger Bestuhlungsformen im Event-Catering.
Quelle: Kästle, 2012, S. 168 f.; Haag, 2021, S. 29.

Die Bestuhlung in U- oder E-Form beschreibt bereits in der Begrifflichkeit die Anordnung der Tische und Stühle in der Form der Buchstaben U oder E. Sie regt besonders die Diskussion der Gäste an.[82]

Blocktafeln sind große Tische mit Stühlen an jeder Seite. Diese Bestuhlungsvariante eignet sich besonders, wenn die Gäste untereinander in Austausch gelangen sollen. Hierbei muss ein Tisch nicht alleinstehen, auch eine Aneinanderreihung von Tischen ist möglich.[83]

Die meist für Galas verwendete Bestuhlung ist die Bankettbestuhlung. Hier sitzen bis zu zwölf Gäste an mehreren großen runden oder eckigen Tischen. Dies bietet die Möglichkeit, passend zu dekorieren und im Voraus mit Besteck, Geschirr und Gläsern einzudecken.[84]

---

[81] Vgl. Kästle, 2012, S. 165 f.; Ebner Media Group GmbH & Co. KG, 2019, S. 3; Haag, 2021, S. 27 ff.; Altenbeck/Luppold, 2023, S. 36.

[82] Vgl. Kästle, 2012, S. 169; Ebner Media Group GmbH & Co. KG, 2019, S. 3; Koch, 2019, o. S.; Haag, 2021, S. 31.

[83] Vgl. Kästle, 2012, S. 168; Haag, 2021, S. 30.

[84] Vgl. Kästle, 2012, S. 170; Ebner Media Group GmbH & Co. KG, 2019, S. 3; Koch, 2019, o. S.; Haag, 2021, S. 29.

Die Auswahl der Bestuhlungsform basiert vor allem auf den Zielen und der Botschaft des Events – und wie die Gäste in die Veranstaltung mit einbezogen werden sollen. So hat die Bestuhlung Einfluss auf Interaktionen am Tisch, aber auch auf die Aufmerksamkeit der Gäste – etwa das Bühnenprogramm betreffend.[85]

Für die BIOFACH-Abendveranstaltung wurde eine Form der Blockbestuhlung gewählt, die Tische wurden von vorne und hinten aneinandergeschoben; so entstanden Reihen, die einen Austausch der Gäste untereinander förderten.

XIII. Schlussbetrachtungen

Für die BIOFACH-Abendveranstaltung hat sich ein stringenter Fokus auf Nachhaltigkeit als Erfolgsfaktor gezeigt: sinnvoll aus aktueller Sicht – Thema der Veranstaltung und Abendveranstaltung einer Bio-Weltleitmesse! Sie wurde authentisch sowie den Ansprüchen und Präferenzen der Zielgruppe vollständig entsprechend umgesetzt.

Es zeigt sich, dass ein Catering-Konzept als integraler Bestandteil des gesamten Event-Konzepts die Botschaft transportieren und nachhaltig verankern, das Ziel und den Anlass des Events unterstützen und damit den Gesamterfolg sichern kann. Durch eine zielgruppenspezifische Ausrichtung, eine klare Konzeption, die thematische Adaption sowie eine ernsthafte Berücksichtigung von Nachhaltigkeit leistet Event-Catering deutlich mehr als nur die gastronomische Versorgung der Gäste.

Verwendete und weiterführende Literatur

Adler, Elfie (2012): Event-Catering. Komplexität und Qualität, in: Becker, Harald (Hrsg.): Catering-Management. Portrait einer Wachstumsbranche in Theorie und Praxis, 2. Auflage, Hamburg (Behrs), S. 77–82.

Agentur Blumberg GmbH (Hrsg.) (o. J.): MESSE NÜRNBERG. Summer Edition Biofach 2022, https://blumberg-agentur.de/referenzen/messe-nuernberg/ (abgerufen am 23.05.2023).

Agentur Blumberg GmbH (Hrsg.) (2022): AGENTUR FÜR NACHHALTIGKEIT, https://blumberg-agentur.de/ (abgerufen am 23.05.2023).

Altenbeck, Detlef/*Luppold*, Stefan (2023): Inszenierung und Dramaturgie für gelungene Events, 2. Auflage, Wiesbaden (Springer Fachmedien Wiesbaden).

Bernard, Christoph Martin (2012): Non-Food-Logistik. Eine innovative Disziplin des Catering-Managements, in: Becker, Harald (Hrsg.): Catering-Management. Portrait einer Wachstumsbranche in Theorie und Praxis, 2. Auflage, Hamburg (Behrs), S. 131–138.

---

[85] Vgl. Friedemann, 2010, S. 120; Brückner, 2017, S. 301; Haag, 2021, S. 27 f.; Altenbeck/Luppold, 2023, S. 43.

Bladen, Charles/*Abson*, Emma/*Kennell*, James/*Wilde*, Nick (2018): Events management. An introduction, 2. Auflage, Abingdon, Oxon (Routledge).

Bowdin, Glenn/*Allen*, Johnny/*Harris*, Rob/*McDonnell*, Ian/*O'Toole*, William (2011): Events Management, 3. Auflage, Oxford (Butterworth-Heinemann).

Braun, Volkmar (2012): Lebensmittelsicherheit, in: Becker, Harald (Hrsg.): Catering-Management. Portrait einer Wachstumsbranche in Theorie und Praxis, 2. Auflage, Hamburg (Behrs), S. 241–256.

Brückner, Claudia (2017): Kongress und Innovation. Kongressformate für das 21. Jahrhundert, in: Bühnert, Claus/Luppold, Stefan (Hrsg.): Praxishandbuch Kongress-, Tagungs- und Konferenzmanagement. Konzeption & Gestaltung, Werbung & PR, Organisation & Finanzierung, Wiesbaden (Springer Gabler).

Bühnert, Claus (2021): Veranstaltungsformate. Die DNA des Veranstalters, in: Dinkel, Michael/Luppold, Stefan/Schröer, Carsten (Hrsg.): Handbuch Messe-, Kongress- und Eventmanagement, 2. Auflage, Berlin (Edition Wissenschaft & Praxis), S. 415–423.

Bundesinstitut für Risikobewertung (Hrsg.) (2021): Fragen und Antworten zum Hazard Analysis and Critical Control Point (HACCP)-System, Berlin.

Cooking and More GmbH (Hrsg.) (o.J.): Das ABC des Caterings, https://cookingandmore.de/das-abc-des-caterings/#:~:text=Das%20gesetzte%20Men%C3%BC%2C%20der%20edle,f%C3%BCr%20edle%20und%20exklusive%20Veranstaltungen (abgerufen am 31.05.2023).

Der Rat der Europäischen Union (Hrsg.) (2007): Verordnung (EG) Nr. 834/2007 des Rates. Vom 28. Juni 2007 über die ökologische/biologische Produktion und die Kennzeichnung von ökologischen/biologischen Erzeugnissen und zur Aufhebung der Verordnung (EWG) Nr. 2092/91, Brüssel.

Deutsche Gesellschaft für Ernährung e.V. (Hrsg.) (o.J.): Nachhaltige Ernährung. Ziele für Nachhaltige Entwicklung – Sustainable Development Goals, https://www.dge.de/ernaehrungspraxis/nachhaltige-ernaehrung/ (abgerufen am 21.05.2023).

Dietger, Mathias (2022): Fit und gesund von 1 bis Hundert mit Ernährung und Bewegung. Aktuelles medizinisches Wissen zur Gesundheit, 5. Auflage, Berlin, Heidelberg (Springer Berlin Heidelberg).

Dowson, Ruth/*Bassett*, David (2018): Event planning and management. Principles, planning and practice, 2. Auflage, London, Philadelphia, Neu Delhi (Kogan Page).

Dunbar, Ronald Ian McDonald (2017): Breaking Bread. The Functions of Social Eating, Adaptive Human Behavior and Physiology, 3. Jg., S. 198–211.

ebl-naturkost GmbH & Co. KG (Hrsg.) (o.J.): ebl-Werte. Eine Frage der Haltung, https://www.ebl-naturkost.de/ueber-uns/ebl-werte/ (abgerufen am 23.05.2023).

Ebner Media Group GmbH & Co. KG (Hrsg.) (o.J.): So geht nachhaltiges Catering bei Großevents, https://www.event-partner.de/catering/so-geht-nachhaltiges-catering-bei-grossevents/ (abgerufen am 24.05.2023).

Ebner Media Group GmbH & Co. KG (Hrsg.) (2019): Checkliste: Die richtige Bestuhlung. Mit der richtigen Bestuhlung Kommunikation fördern, https://www.event-partner.de/shop/bestuhlungsvarianten-im-ueberblick/ (abgerufen am 24.05.2023).

Europäisches Parlament (Hrsg.) (2004): B C1 Verordnung (EG) Nr. 852/2004 des Europäischen Parlaments und des Rates. Vom 29. April 2004 über Lebensmittelhygiene, Brüssel.

Food and Agriculture Organization of the United Nations (2019): Sustainable healthy diets. Guiding principles, https://www.fao.org/3/ca6640en/ca6640en.pdf (abgerufen am 21. 05. 2023).

Friedemann, Jan C. (2010): 200 Tipps für Verkäufer im Außendienst. Selbstorganisation – Akquisitionsstrategien – Verkaufsgesprächstechnik, 2. Auflage, Wiesbaden (Gabler).

Gaskell, Adi (2023): Why Teams Should Eat Together If They Want To Bond, https://www.forbes.com/sites/adigaskell/2023/01/17/how-eating-together-can-form-bonds-within-a-team/ (eingestellt am 17. 01.2023, abgerufen am 30.05.2023).

Gleissner, Mona C. (2019): GESCHLECHTERGERECHTE SPRACHE: GENDERN LEICHT GEMACHT, https://mona-gleissner.com/2019/06/28/geschlechtergerechte-sprache-gendern-leicht-gemacht/ (eingestellt am 28.06.2019, abgerufen am 19.05.2023).

Glöckner, Martin (2017): Sicherheitsrechtliche Anforderungen an einen Kongress. Öffentlich-rechtliche Vorgaben und zivilrechtliche Haftungsregelungen, in: Bühnert, Claus/Luppold, Stefan (Hrsg.): Praxishandbuch Kongress-, Tagungs- und Konferenzmanagement. Konzeption & Gestaltung, Werbung & PR, Organisation & Finanzierung, Wiesbaden (Springer Gabler).

Große Ophoff, Markus (2021): Nachhaltige Veranstaltungen, in: Dinkel, Michael/Luppold, Stefan/Schröer, Carsten (Hrsg.): Handbuch Messe-, Kongress- und Eventmanagement, 2. Auflage, Berlin (Edition Wissenschaft & Praxis), S. 281 – 290.

Haag, Patrick (2021): Bestuhlung, in: Dinkel, Michael/Luppold, Stefan/Schröer, Carsten (Hrsg.): Handbuch Messe-, Kongress- und Eventmanagement, 2. Auflage, Berlin (Edition Wissenschaft & Praxis), S. 27 – 32.

Hettler, Florian/*Luppold*, Stefan (2019): Event-Catering in der Live Communication. Essen und Trinken als bedeutendes Veranstaltungselement, Wiesbaden (Springer Gabler).

Hey Group GmbH (Hrsg.) (2023a): Nachhaltigkeit im Catering. 7 Tipps fürs Nachhaltigkeits-Konzept, https://www.heycater.com/de/hub/hey-community/nachhaltigkeit-catering#1_umweltfreundliche_alternativen_zum_einweggeschirr (eingestellt am 25.02.2023, abgerufen am 24.05.2023).

Hey Group GmbH (Hrsg.) (2023b): Was ist Catering? Eine Definition., https://www.heycater.com/de/hub/hey-wiki/was-ist-catering-eine-definition (eingestellt am 13.03.2023, abgerufen am 28.03.2023).

Hey Group GmbH (Hrsg.) (2023c): Catering & Food Trends für 2023. Nachhaltigkeit, Events & Sicherheit, https://www.heycater.com/de/hub/hey-wissen/catering-food-trends (eingestellt am 24.03.2023, abgerufen am 23.05.2023).

Hey Group GmbH (Hrsg.) (2023d): Wie Du das perfekte Catering für Dein Unternehmen planst, https://www.heycater.com/de/hub/hey-wissen/catering-planen (eingestellt am 11.05.2023, abgerufen am 23.05.2023).

HSI Hotel Suppliers Index GmbH (Hrsg.) (2022a): Mobile Gastronomie, https://www.hotelier.de/lexikon/m/mobile-gastronomie (eingestellt am 02.06.2022, abgerufen am 03.04.2023).

HSI Hotel Suppliers Index GmbH (Hrsg.) (2022b): Front Cooking Station o. System für https://www.hotelier.de/lexikon/f/front-cooking (eingestellt am 09.08.2022, abgerufen am 23.05.2023).

Institut für Demoskopie Allensbach Gesellschaft zum Studium der öffentlichen Meinung mbH (2022): Anzahl der Personen in Deutschland, die beim Einkauf regionale Produkte aus der Heimat bevorzugen, von 2018 bis 2022 (in Millionen), in: Statista GmbH, https://de.statista.com/statistik/daten/studie/264557/umfrage/kaeufertypen-bevorzugung-von-produkten-aus-der-region/ (abgerufen am 21.05.2023).

Kästle, Thomas (2012): Kompendium Event-Organisation. Business- und Kulturveranstaltungen professionell planen und durchführen, Wiesbaden (Springer Gabler).

Knoll, Thorsten (2018): Veranstaltungsformate im Vergleich. Entscheidungshilfen zum passgenauen Event, Wiesbaden (Springer).

Koch, Sylvia (2019): Mit der richtigen Bestuhlung Kommunikation fördern, https://www.event-partner.de/business/mit-der-richtigen-bestuhlung-kommunikation-foerdern/ (eingestellt am 25.12.2019, abgerufen am 24.05.2023).

Kriegesmann, Ulrich (2012a): Der Cateringmarkt, in: Becker, Harald (Hrsg.): Catering-Management. Portrait einer Wachstumsbranche in Theorie und Praxis, 2. Auflage, Hamburg (Behrs), S. 1–11.

Kriegesmann, Ulrich (2012b): Outsourcing, in: Becker, Harald (Hrsg.): Catering-Management. Portrait einer Wachstumsbranche in Theorie und Praxis, 2. Auflage, Hamburg (Behrs), S. 113–119.

LEHRIEDER CATERING PARTY-SERVICE GmbH & Co. KG (Hrsg.) (o.J.): NACHHALTIGKEIT AUS ÜBERZEUGUNG, https://lehrieder.de/lehrieder/nachhaltigkeit/ (abgerufen am 23.05.2023).

Lemoncat GmbH (Hrsg.) (2022): Sustainable Catering Tips and Tricks, https://www.eatfirst.com/en-gb/c/blog/sustainable-catering-tips-and-tricks (eingestellt am 12.01.2022, abgerufen am 31.05.2023).

Maslow, Abraham Harold (1970): Motivation and Personality, 2. Auflage, New York (Harper and Row).

Moroff, Markus (2021): Genehmigungsverfahren, in: Dinkel, Michael/Luppold, Stefan/Schröer, Carsten (Hrsg.): Handbuch Messe-, Kongress- und Eventmanagement, 2. Auflage, Berlin (Edition Wissenschaft & Praxis), S. 161–166.

Neumarkter Lammsbräu Gebr. Ehrnsperger KG (2022): Unsere Zertifizierungen, https://www.lammsbraeu.de/blog/unsere-zertifizierungen (eingestellt am 23.06.2022, abgerufen am 23.06.2023).

NuHub GmbH; Bundeszentrum für Ernährung (2023): Trendreport Ernährung 2023. Die 10 wichtigsten Ernährungstrends – Prognosen von 170 Expertinnen und Experten aus dem Ernährungssektor.

NürnbergMesse GmbH (Hrsg.) (o.J.a): BIOFACH – die Fachmesse für Bio-Lebensmittel, https://www.biofach.de/de/info/messeprofil/messebeschreibung (abgerufen am 23.05.2023).

NürnbergMesse GmbH (Hrsg.) (o. J.b): Energie sparen – unser Ziel ist 20 Prozent!, https://www. nuernbergmesse.de/de/unternehmen/nachhaltigkeit/energie-sparen (abgerufen am 31.05. 2023).

NürnbergMesse GmbH (Hrsg.) (2021): Finanzjahr 2021, https://geschaeftsbericht.nuernberg messe.de/ (abgerufen am 23.05.2023).

NürnbergMesse GmbH (Hrsg.) (2022): Terminverschiebung. BIOFACH und VIVANESS 2022 finden vom 26. – 29. Juli statt, https://www.biofach.de/de/news/presseinformationen/2022-bio fach-terminverschiebung-juli-yq5ciwmauy_pireport (eingestellt am 14.01.2022, abgerufen am 23.05.2023).

Paul, Siegfried/*Sakschewski*, Thomas (2014): Typisierung von Veranstaltungen, in: Paul, Sieg-fried/Ebner, Michael/Klode, Kerstin/Sakschewski, Thomas (Hrsg.): Sicherheitskonzepte für Veranstaltungen. Grundlagen für Behörden, Betreiber und Veranstalter, 2. Auflage, Berlin (Beuth Verlag), S. 7–70.

Pelke, Nikolas (2022): Großprojekt in Nürnberg geplant: Größte Solarstromanlage der Stadt soll auf den Messedächern entstehen, https://www.merkur.de/bayern/nuernberg/nuernberg-solar-firma-strom-photovoltaik-koenig-ausbau-greenovative-messe-91724765.html (einge-stellt am 16.08.2023, abgerufen am 31.05.2023).

Pommereau, Céline (2021): Catering, in: Dinkel, Michael/Luppold, Stefan/Schröer, Carsten (Hrsg.): Handbuch Messe-, Kongress- und Eventmanagement, 2. Auflage, Berlin (Edition Wissenschaft & Praxis), S. 55–58.

Raj, Razaq/*Musgrave*, James (2009): Event management and sustainability, Wallingford (CABI).

Raj, Razaq/*Rashid*, Tahir (2022): Events management. Principles and practice, 4. Auflage, Ox-ford (Goodfellow Publishers).

Reiser, Dirk/*Scherle*, Nicolai (2014): Green Events. Konzeptionelles Selbstverständnis – stra-tegische Ziele – anwendungs-orientierte Perspektiven, in: Eisermann, Uwe/Winnen, Lothar/ Wrobel, Alexander (Hrsg.): Praxisorientiertes Eventmanagement. Events erfolgreich planen, umsetzen und bewerten, Wiesbaden (Springer Fachmedien Wiesbaden), S. 319–333.

Sakschewski, Thomas/*Bengs*, Sonja (2012): Event-Catering. Besser grün essen – Chancen eines klimaneutralen Event-Caterings, in: Becker, Harald (Hrsg.): Catering-Management. Portrait einer Wachstumsbranche in Theorie und Praxis, 2. Auflage, Hamburg (Behrs), S. 85–92.

Sakschewski, Thomas/*Paul*, Siegfried (2017): Veranstaltungsmanagement. Märkte, Aufgaben und Akteure, Wiesbaden (Springer Gabler).

Sellerbeck, Jörg (2020): Gustatorische Szenografie. Geschmack als zu verinnerlichende Di-mension, in: Kiedaisch, Petra/Marinescu, Sabine/Poesch, Janina (Hrsg.): Szenografie. Das Kompendium zur vernetzten Gestaltungsdisziplin, Stuttgart (avedition), S. 181–189.

Tourismusverband Franken e. V. (o. J.a): Der Schatz aus dem Weinberg, https://www.frankentou rismus.de/wein/ (abgerufen am 30.05.2023).

Tourismusverband Franken e. V. (o. J.b): Gebiete im Bierland Franken, https://www.franken-bi erland.de/bierlandschaft-franken/bierland-franken/ (abgerufen am 23.05.2023).

University of Oxford (Hrsg.) (2017): Social eating connects communities, https://www.ox.ac. uk/news/2017-03-16-social-eating-connects-communities (eingestellt am 16.03.2017, abgerufen am 30.05.2023).

Winnen, Lothar/*Behrens*, Lisa/*Malkus*, Jens/*Wiesner*, Hendrik/*Wrobel*, Alexander (2014): Sicherheit auf öffentlichen Tanzveranstaltungen. Ergebnisse einer explorativen Studie zur Sicherheit auf kleinen bis mittleren Tanzveranstaltungen, in: Eisermann, Uwe/Winnen, Lothar/ Wrobel, Alexander (Hrsg.): Praxisorientiertes Eventmanagement. Events erfolgreich planen, umsetzen und bewerten, Wiesbaden (Springer Fachmedien Wiesbaden), S. 255–278.

Wrathall, Jeffrey/*Steriopoulos*, Effie (2022): Reimagining and reshaping events. Theoretical and practical perspectives, Oxford (Goodfellow Publishers).

Moderation

Von *Lisa Kölle*

I. Einführung in das Themengebiet

„Die Moderation hält eine Veranstaltung zusammen. Sie gibt der Dramaturgie ein sympathisches ‚Gesicht' und bereitet den Akteuren und überraschenden Inszenierungen die Bühne." (Barbara Schöneberger[1])

Kommunikation unter mehreren Personen kann rapide unübersichtlich werden und zu komplexen Gesprächen voranschreiten. Durch Moderation wird in dieser Komplexität Ordnung geschaffen. Mithilfe der Moderation wird für Verständnis gesorgt, Partizipation ermöglicht und ein Rahmen für Zeit, Umfang und Dramaturgie geschaffen.[2] Wie bereits durch das Einstiegszitat von Barbara Schöneberger aufgegriffen, tragen alle diese Funktionen der Moderation einer erfolgreichen Veranstaltung bei. Dieser Beitrag beschäftigt sich mit der Relevanz der Moderation auf Veranstaltungen und stellt beispielhaft Ausprägungen sowie Inszenierungsmöglichkeiten einer Moderation vor.

II. Moderation

1. Begrifflichkeit

Die Moderation erstreckt sich auf diverse Teilgebiete. So kommt sie im Journalismus, im Internet, bei Gruppenarbeiten, bei Konfliktlösungen und auf Veranstaltungen vor.[3] Es handelt sich um eine Arbeitstechnik, welche bei Konferenzen, Arbeitsgruppen oder ähnlichen Situationen eingesetzt wird, um die Kommunikation mehrerer Teilnehmer zu ordnen.[4] Dabei dient sie der zielgerichteten Unterstützung der Kommunikation in Gruppen. Sie wird als ein kontinuierlicher Prozess verstanden, welcher auf einer Aufgabe basiert, ein bestimmtes Ziel verfolgt und ein angestrebtes

---

[1] Nußbaum/Schöneberger, 2020, S. 85.

[2] Vgl. Lauff, 2019, S. 132.

[3] Vgl. Schott, 2021, S. 161.

[4] Vgl. Bartscher/Nissen, 2018, o. S.

Ergebnis herbeiführt.[5] Innerhalb eines Gruppenumfeldes übernimmt die Moderation somit folgende Funktionen:

– Prozessgestaltung

– Interaktionsbegleitung

– Informationssteuerung[6]

Die Moderation erfolgt durch einen sogenannten „Moderator", welcher meinungsneutral und ohne Partei handelt. Dieser begleitet den Prozess der Moderation und gestaltet diesen aktiv mit.[7] Auf den Begriff des Moderators wird im Abschnitt „Der Moderator" ausführlicher eingegangen.

2. Umfeld

Durch eine gelungene Moderation können gegensätzliche Interessen der Individuen in Gruppen abgeschwächt und unterschiedliche Kommunikationskulturen zusammengeführt werden.[8] Die Moderation „gibt Orientierung, gestaltet Übergänge, verbindet [das] Publikum und Programm, gibt Impulse, lenkt die Stimmung, zeigt Präsenz und nimmt sich im richtigen Moment wieder zurück, um anderen Akteuren Raum zu geben".[9] Um das Umfeld der Moderation anschaulich zu gestalten und alle Akteure dieses Umfelds zu ergreifen, empfiehlt es sich, einen Blick auf das sogenannte Interaktionsdreieck nach Kanitz[10] zu werfen (siehe Abbildung 1).

Das Interaktionsdreieck besteht aus drei Komponenten, die allesamt in dem „Globe" liegen, welcher den Kontext beziehungsweise die Umwelt, in welcher sich die Gruppe bewegt, darstellt. Die erste Komponente ist das „Ich". Dieses beschreibt die einzelnen Personen, deren Werte, Empfindungen, Erfahrungen und jeweiligen Persönlichkeiten.[11] Das „Wir" fasst die einzelnen Personen zu einer Gemeinschaft zusammen und beinhaltet deren gemeinsame Kommunikation als Gruppe.[12] Zwischen den Teilnehmern und dem Moderator herrscht eine Wechselwirkung, welche zur Zielerreichung beiträgt. Ohne Teilnehmer und ohne deren Zusammenarbeit kann kein beziehungsweise kein zufriedenstellendes Ziel erreicht werden.[13] Ein harmonierendes „Wir" stellt somit die Basis dar. Die dritte Komponente ist das „Es". Hierbei handelt es sich um das Thema beziehungsweise die vorliegende Aufgabe der

---

[5] Vgl. Lubienetzki/Schüler-Lubienetzki, 2020, S. 7.

[6] Vgl. Groß, 2018, S. 14 f.

[7] Vgl. Deutsche Gesellschaft für Moderation e. V., 2013, S. 3.

[8] Vgl. Franck, 2021, S. 157.

[9] Schott, 2021, S. 161.

[10] Vgl. Kanitz, 2020, S. 31 f.

[11] Vgl. Kanitz, 2020, S. 32.

[12] Vgl. Michalski et. al, 2017, S. 272.

[13] Vgl. Groß, 2018, S. 14.

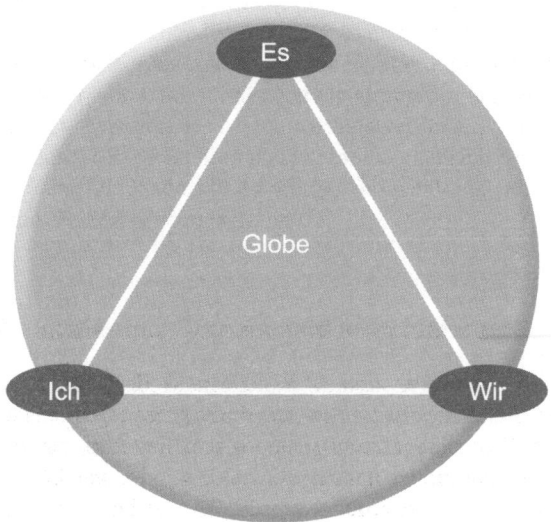

Abbildung 1: Interaktionsdreieck nach Kanitz.
Quelle: Vgl. Kanitz, 2020, S. 32.

jeweiligen Veranstaltung.[14] Das „Es" steht somit für den Grund des Zusammenkommens.

Das dargestellte Interaktionsdreieck beschreibt das grundsätzliche Umfeld einer Moderation. In diesem Konstrukt agiert der Moderator aktiv und greift gezielt in die Kommunikation ein. Bricht in diesem Umfeld jedoch ein Eckpunkt oder eine Achse weg, kollabiert die Konstruktion und ist nicht mehr erfolgsfähig.[15] So basiert die Moderation folglich auf der ganzheitlichen Betrachtung der einzelnen Interaktionskomponenten. Die Funktion des Moderators besteht darin, alle drei Komponenten zusammenzuhalten und die Gruppe innerhalb des Globes zu dem definierten Ziel zu führen.

3. Der Moderator

a) Definition

Der Begriff des Moderators wird im Alltag häufig verwendet. So begegnen uns Moderatoren im Fernsehen, im Radio und womöglich sogar bei unserer Arbeit.

---

[14] Vgl. Kanitz, 2020, S. 32 f.
[15] Vgl. Groß, 2018, S. 13 f.

Ein Moderator ist ein Dienstleister, welcher die Zielerreichung einer Veranstaltung unterstützt und diese folglich effizienter gestaltet.[16] Er kann als ein Wegbegleiter verstanden werden, welcher die Unterhaltung in einer Gruppe moderiert und bewusst führt.[17] Er moderiert die Meinung anderer und stellt darauf aufbauend intelligente Fragen.[18] In diesem Kontext nimmt er eine neutrale Vermittlerrolle ein und steuert einen definierten Programmablauf.[19] Das Handeln des Moderators wird somit durch eine Prozesshoheit gekennzeichnet, während die Inhaltshoheit, auf seine Rolle bezogen, in den Hintergrund tritt.[20] Innerhalb dieses Prozesses leitet er die Gruppe anhand von Methoden, Interventionen und Fragen zu einem Ziel.[21] Die Gruppe behält dabei jedoch sowohl ihre Autonomie wie auch Entscheidungsverantwortung.

Ein Moderator stellt sich in den Dienst der Moderation, um ein zielorientiertes, kooperierendes System zu gewährleisten.[22] Um die Zielerreichung fortgehend zu unterstützen, kann ein Moderator sowohl unternehmensintern wie auch -extern definiert werden.[23] Die Beauftragung des Moderators sollte allerdings stets mit Blick auf die Zielerreichung erfolgen.

b) Aufgaben

Moderatoren dienen der Erleichterung von Entscheidungsfindungen, Problemen und Konfliktbearbeitung. Die Kernaufgabe eines Moderators besteht darin, alle Beteiligten ernst zu nehmen, emotional zusammenzubringen sowie inhaltlich voranzubringen.[24] Er trägt die Verantwortung, einen Kontakt zu der Gruppe zu generieren und eine Beziehung mit seinen Gegenüber aufzubauen.[25] Durch seine Moderation ermöglicht er Menschen, mit ihren jeweiligen Meinungen und Wissensständen in einen kommunikativen Austausch zu treten.[26] Sein Handwerk fördert eine zielgerichtete Kommunikation und Zusammenarbeit der Individuen.

Wichtig ist dabei, den richtigen Ton für die jeweilige Veranstaltung zu finden und diesen stringent einzuhalten. Diese Aufgabe beginnt bereits bei der Eröffnung der Veranstaltung, welche durch den Moderator erfolgt.[27] Prinzipiell werden eine hohe Kommunikationskompetenz und Sachverstand im Umgang mit Gruppendyna-

---

[16] Vgl. Edmüller/Wilhelm, 2021, S. 12.

[17] Vgl. Waible, 2019, S. 11.

[18] Vgl. Wolber, 2014, S. 143.

[19] Vgl. Seifert, 2010, S. 18.

[20] Vgl. Hillebrecht, 2016, S. 21.

[21] Vgl. Waible, 2019, S. 11.

[22] Vgl. Deutsche Gemeinschaft für Moderation, 2013, o. S.

[23] Vgl. Edmüller/Wilhelm, 2021, S. 12.

[24] Vgl. Franck, 2021, S. 158.

[25] Vgl. Lubienetzki/Schüler-Lubienetzki, 2020, S. 22.

[26] Vgl. Deutsche Gesellschaft für Moderation, 2013, S. 3.

[27] Vgl. Schott, 2021, S. 164 f.

miken als Grundkompetenzen vorausgesetzt.[28] Die Gestaltung der Moderation liegt in der Verantwortung des Moderators, welcher als Katalysator des Gruppenprozesses gesehen wird.[29] Er legt sinngemäß den Weg zum Ziel. Inhaltlich bleibt er dabei neutral und verfolgt keine eigenen, intrinsischen Ziele. Sein Fokus liegt auf der Begleitung und dem Einbeziehen der Gruppe durch den Prozess hindurch.[30]

Ein erfahrener Moderator sollte zudem fähig sein, mit unerwarteten Situationen umzugehen und Peinlichkeiten sowie unvorhersehbare Pleiten aufzufangen.[31] Der Moderator selbst steht dabei nicht im Mittelpunkt der Veranstaltung. Er positioniert sich im Dienst der Veranstaltung und nimmt folglich seine eigene Person und eigene Interessen zurück. Hierbei bedarf es der Identifikation eines gesundes Mittelmaßes zwischen „ich bin die Show" und „ich unterstütze die Show".[32] Ungeachtet dessen sollte ein Moderator fähig sein, die Stimmungen und Emotionen der Zuschauer steuern zu können.[33]

Moderatoren werden in vielen Bereichen eingesetzt. So werden je nach Bereich und Medium unterschiedliche Fähigkeiten und Kompetenzen benötigt.[34] Ein unterhaltender Moderator aus dem Radio oder Fernsehen verfügt über andere Kompetenzen als ein Moderator, welcher Trainings und Coachings moderiert. Bei der Auswahl des Moderators gilt es somit stets, dessen Kompetenzen mit seinem Aufgabenfeld abzugleichen.

c) Rollen

Während des Prozesses der Moderation kann der Moderator drei verschiedene Rollen annehmen: den Problemlöser, den Konfliktlöser und den Reflektor.[35] Der Problemlöser generiert eine Diskussion innerhalb der Gruppe und bindet alle Teilnehmer aktiv darin ein. Innerhalb der Diskussion besteht seine Aufgabe darin, Struktur zu schaffen und die Gruppe auf das Ziel hinzuführen. Die Rolle des Konfliktlösers beschäftigt sich primär mit der Implementierung und Einhaltung von Regeln innerhalb der Kommunikation. Störungen werden transparent dargestellt und folglich bearbeitet. Zudem zeigt der Konfliktlöser mögliche Einigungswege und Interessen der einzelnen Teilnehmer auf. Hier besteht die Aufgabe des Moderators primär darin, zwischen konträren Perspektiven und Einstellungen zu vermitteln, um das gegenseitige Verständnis zu fördern.[36] Als Reflektor spiegelt der Moderator seine Eindrücke und

---

[28] Vgl. Deutsche Gesellschaft für Moderation, 2013, S. 6.

[29] Vgl. Lubienetzki/Schüler-Lubienetzki, 2020, S. 7.

[30] Vgl. Waible, 2019, S. 15.

[31] Vgl. Schott, 2021, S. 160.

[32] Vgl. Schott, 2021, S. 162.

[33] Vgl. Gálvez, 2013, S. 73 f.

[34] Vgl. Deutsche Gesellschaft für Moderation, 2013, S. 3 f.

[35] Vgl. Freimuth, 2010, S. 1 ff.

[36] Vgl. Groß, 2018, S. 6.

gibt direktes Feedback an die Gruppe. Zudem fördert er die Fähigkeiten der Teilnehmer, Feedback zu geben und anzunehmen. Der Reflektor bemüht sich, die Aufmerksamkeit stets auf die Gruppe als solches und deren Erfolge und Zusammenarbeit zu lenken.[37] Durch steuernde und anregende Motivationstechniken kann der Erfolg der Gruppe innerhalb dieser Rahmenbedingungen durch die Moderation positiv gelenkt werden.[38]

4. Erfolgreiche Moderation

Die Moderation ist von einer systematischen und offenen Arbeitsweise geprägt.[39] Diese simplifiziert sowohl die Effizienz in der Vorbereitung wie auch während der Durchführung und Nachbereitung. Dabei verfolgt die Moderation das Ziel, die Kommunikation zwischen den einzelnen Teilnehmern sowohl sinnvoll wie auch ergebnisreich zu gestalten.[40] Erfolg in der Moderation besteht darin, Ordnung in einer Diskussion zu schaffen und ein sortiertes kommunikatives Miteinander zu ermöglichen.[41] Somit schafft eine erfolgreiche Moderation einen strukturierten Ablauf, Effizienz, Zielfokussierung und einen geordneten Kommunikationsrahmen innerhalb einer Gruppe.

Des Weiteren wird erfolgreiche Moderation durch dauerhaftes Klären, Sortieren sowie Wegräumen von Unordnung und Spannungen in der Gruppenkommunikation charakterisiert. Durch eine gelungene Moderation kann Professionalität ausgestrahlt werden. Eine Veranstaltung wird dementsprechend durch die Kompetenzen des Moderators positiv aufgewertet.[42] Zudem kann ein erfahrener Moderator durch Charme und Geschicklichkeit die Veranstaltung steuern und Fehler sowie Unannehmlichkeiten vermeiden. So werden ein erfolgreicher Ablauf der Moderation und folglich auch der Veranstaltung ermöglicht.

III. Relevanz der Moderation von Veranstaltungen

Eine gelungene Moderation schafft eine zielführende Kommunikation mehrerer Teilnehmer und beseitigt Unordnung innerhalb der Gruppenkommunikation. Das Bedürfnis beziehungsweise die Notwendigkeit einer klaren und geordneten Kommunikation kann sowohl in einem firmeninternen Meeting als auch auf diversen anderen Veranstaltungen bestehen. So kann bei Messen, Tagungen, Unternehmenspräsentationen oder Galashows Nutzen aus einer erfolgreichen Moderation gezogen werden.

---

[37] Vgl. Lubienetzki/Schüler-Lubienetzki, 2020, S. 23 f.

[38] Vgl. Schawel/Billing, 2009, S.130.

[39] Vgl. Edmüller/Wilhelm, 2021, S. 6.

[40] Vgl. Klebert/Straub/Schrader, 2002, S. 15.

[41] Vgl. Groß, 2018, S. 9.

[42] Vgl. Groß, 2018, S. 9.

Veranstaltungen beinhalten – als Element oder sogar Schwerpunkt – meist einen Unterhaltungsaspekt. Die Teilnehmer möchten entertaint werden und sich wohlfühlen. Folglich können der Moderation die Verantwortung, Aufgabe oder Relevanz der Unterhaltung des Publikums zugeschrieben werden. Innerhalb einer unterhaltsamen Veranstaltung kann dies als oberste Priorität verstanden werden.[43] Ein nachhaltiges emotionales Erlebnis soll geschaffen werden, welches durch adäquate Moderation der wirksamen Informations- und Emotionsvermittlung dient.[44] Eine erfolgreiche Moderation beinhaltet im Rahmen einer Veranstaltung somit auch die gelungene Unterhaltung und Emotionalisierung des Publikums.

Ein weiterer Faktor, welcher der Moderation auf Veranstaltungen eine erhöhte Relevanz zuschreibt, ist die durch den Moderator gebotene Unterstützung der Teilnehmer. Er stellt Referenten vor, leitet die Teilnehmer durch die einzelnen Programmunkte und steuert die anwesenden Vortragenden so, dass das Publikum diese verstehen und deren Beiträge nachvollziehen kann.[45] Allerdings sollte ein Moderator nicht als Experte für die Themenkomplexe auftreten, sondern eher als eine Art Vermittler, welcher Referenten in der Kommunikation hilft. Durch seine Unterstützung wird zudem Verständnis der Inhalte bei den Teilnehmern generiert.[46] Die aktive Interaktion mit dem Publikum und den Rednern erfordert spezielle Kompetenzen.[47] So kann beispielsweise ein Fernsehmoderator ungeeignet für die Moderation einer Live-Veranstaltung sein, da er in seinem täglichen Arbeitsumfeld kaum direkt mit Publikum in Berührung kommt. Die Auswahl des Moderators sollte in Anbetracht einer Veranstaltung folglich mit besonderer Sorgfalt erfolgen.

Die Beauftragung erfolgt grundsätzlich durch den jeweiligen Veranstalter. Dieser übergibt ein ausführliches Briefing, welches die Ziele und Hintergründe der Veranstaltung beinhaltet. Zudem bietet es sich vor allem bei Events an, die Inhalte und Abläufe erläutert vorzustellen, um so einen Überblick über die Gesamtdramaturgie zu bieten.[48] Durch diese Informationen erhält der Moderator ein Gefühl für das anwesende Publikum und kann seinen Moderationsstil der Situation entsprechend anpassen. Weitere Informationen organisiert sich der Moderator zumeist selbst, wobei der Auftraggeber hier eine unterstützende Funktion annimmt.[49] Veranstaltungen zielen grundsätzlich auf im Voraus definierte Zielgruppen ab.[50] Der Fokus kann beispielsweise auf Mitarbeitern, Kunden oder Stakeholdern liegen. Daher sollte nicht nur der Inhalt einer Veranstaltung, sondern auch die Kommunikation, die Moderation, auf die jeweilige Zielgruppe abgestimmt sein, um Aufmerksamkeit zu generieren. Mo-

---

[43] Vgl. Von Kutzschenbach, 2016, S. 4.

[44] Vgl. Nußbaum/Schöneberger, 2020, S. 88.

[45] Vgl. Von Kutzschenbach, 2016, S. 5.

[46] Vgl. Nußbaum/Schöneberger, 2020, S. 87.

[47] Vgl. Graf/Luppold, 2018, S. 74.

[48] Vgl. Nußbaum/Schöneberger, 2020, S. 86.

[49] Vgl. Von Kutzschenbach, 2016, S. 3 f.

[50] Vgl. Nußbaum/Schöneberger, 2020, S. 90.

deration kann selbstverständlich Einfluss auf die Ansprache und Aktivierung der Zielgruppe nehmen.

Eine Veranstaltung verfolgt idealerweise einen roten Faden, welcher sich durch den gesamten Prozess zieht.[51] Dieser Faden kann geschickt durch einen Moderator gelegt und im Auge behalten werden.[52] Er kann die Teilnehmer zielstrebig durch die Veranstaltung und Programmpunkte führen. Bei Abweichungen kann er die Veranstaltung gegebenenfalls zum roten Faden zurückführen. Dies wird häufig anhand eines Prozessplans dargestellt und ermöglicht.[53] Ein Moderater kann so sinnbildlich als Leiter durch die Veranstaltung verstanden werden. Nochmals der Hinweis, dass nicht jeder Moderator dieselben Kompetenzen besitzt.[54] Hierbei tragen die Beauftragten große Verantwortung für den Ablauf einer Veranstaltung und auch für deren Timing. So ist ein Moderator nicht nur für die Stimmung und Emotionalisierung der Teilnehmer verantwortlich, sondern auch für die Einhaltung der Ablauffreihenfolge und Zeitplanung.[55] Bereits bei der Auswahl des Moderators sollte daher darauf geachtet werden, welcher Kandidat der Best Match für das Thema und die jeweilige Veranstaltung ist.

Eine Veranstaltung bringt Herausforderungen mit sich – trotz bester Planung treten kleinere oder größere Fehler auf, ergeben sich zeitliche Verzögerungen, etc. Die Aufgabe, damit umgehen zu können und immer wieder zum oben genannten roten Faden zurückzufinden, schreibt der Moderation eines Live-Events eine besonders große und komplexe Rolle zu.[56] Allgemein gilt: Je komplexer und umfangreicher eine Veranstaltung ausfällt, desto relevanter ist es, eine passende Moderation zu schaffen. Die Auswahl des Moderators trägt letztendlich zur Professionalität der Veranstaltung bei.[57]

Veranstaltungen verfolgen unterschiedliche Ziele, welche in die folgenden Überpunkte gegliedert werden können:

– Unterhaltung,

– Information,

– Zelebration,

– Motivation,

– Identifikation.[58]

---

[51] Vgl. Nußbaum/Schöneberger, 2020, S. 85.

[52] Vgl. Gundlach, 2013, S. 4.

[53] Vgl. Sperling/Wasseveld-Reinhold, 2011, S. 33 f.

[54] Vgl. Gundlach, 2013, S. 285.

[55] Vgl. Unger, 2023, o. S.

[56] Vgl. Unger, 2023, o. S.

[57] Vgl. Kulhavy, 2017, S. 467.

[58] Vgl. Schott, 2021, S. 161.

Je nach Zielsetzung gilt es hier, die Art der Moderation zu wählen, welche zur Zielerreichung der jeweiligen Veranstaltung bestmöglich beiträgt und auf die betreffende Zielgruppe abgestimmt ist. Um den größten Nutzen aus einer Moderation zu ziehen, sollte die jeweilige Moderationsart zudem anhand der Veranstaltungsform gewählt werden. Im Folgenden werden exemplarisch Moderationsarten vorgestellt, welche auf das Umfeld einer Veranstaltung anwendbar sind.

IV. Arten der Moderation

1. Humoristische Form

Durch eine humoristische Moderation kann es dem Moderator gelingen, eine Bindung mit dem Publikum aufzubauen. So kann Sympathie von den Anwesenden erlangt und auf einer persönlicheren Ebene von Moderator zu Publikum kommuniziert werden.[59] Die Anwendung von Humor generiert Aufmerksamkeit, welche dazu beiträgt, dass sich das Publikum intensiver mit den Inhalten und den vermittelten Botschaften auseinandersetzt und mehr Verständnis für die Themen generiert.[60] Langfristig unterstützt die humoristische Moderation zudem die Erinnerung an die Inhalte.[61]

Humor gilt in der Moderation als eine der schwersten Disziplinen.[62] Um die gewünschten Effekte der humoristischen Moderation zu erzielen, bedarf es eines intensiven Einsatzes von Humor.[63] Allerdings gilt zu beachten, dass bestimmte Grenzen nicht überschritten werden und stets der richtige Ton für die Veranstaltung getroffen wird.

2. Moderiertes Wechselspiel

Das moderierte Wechselspiel kommt verstärkt bei langen Vorträgen und vielen Rednern zum Einsatz.[64] Die Moderation kann hier zunehmend über Fragen erfolgen, um die inhaltliche Neutralität des Moderators zu wahren. Die Fragen können auf unterschiedlichste Weise erfolgen. So kann Wiedergegebenes eines Experten in Form einer wiederholenden Frage gespiegelt werden, um sicherzustellen, dass der Vortragende richtig verstanden wurde (zum Beispiel: „Habe ich Sie so richtig verstanden, dass…?").[65] Jedoch können auch offene Fragen gestellt werden, welche in Folge eine

---

[59] Vgl. Nußbaum/Schöneberger, 2020, S. 89.

[60] Vgl. Eisend/Kuß, 2018, S. 347.

[61] Vgl. Eisend/Kuß, 2010, S. 633.

[62] Vgl. Nußbaum/Schöneberger, 2020, S. 89.

[63] Vgl. Eisend/Kuß, 2010, S. 638.

[64] Vgl. Nußbaum/Schöneberger, 2020, S. 89.

[65] Vgl. Sperling/Wasseveld-Reinhold, 2011, S. 95 ff.

umfangreichere Antwort erfordern.[66] Durch sein aktives Agieren kann ein Moderator in dieser Situation den Ablauf auflockern und Input zu möglichen Gesprächsthemen oder Pause-Blöcken geben. Zudem kann zu spannenden Gesprächen angeregt werden, welche das Publikum gezielt ansprechen. Durch die dauerhafte Präsenz und Geschicklichkeit des Moderators kann Unklarheiten und Verwirrung entgegengewirkt werden.

Das Ziel des moderierten Wechselspiels liegt darin, die Aufmerksamkeit des Publikums aufrechtzuerhalten oder notfalls zurückzugewinnen. Durch diese Art der Moderation werden neue Ansichten und Einsichten aufgedeckt, welche einen Kontrast zu monotonen, langen Vorträgen darstellen.[67]

3. Storytelling

Das Storytelling ist eine-bekannte und weitverbreitete Methode der Moderation. Durch Storytelling wird das Publikum während der Veranstaltung durch eine Geschichte hindurchgeführt. So wird das vorgegebene Programm bewusst mit Unterhaltung verbunden.[68] Der Unterhaltungsaspekt kann hier in mehreren Formen aufgegriffen werden, etwa durch das Erzählen einer Geschichte oder durch den Einsatz von Musik. Prinzipiell kann das Storytelling in drei Grundmuster unterteilt werden:

- Vignetten
- Glaubwürdigkeitsgeschichten
- Feuerproben und Bewährungen[69]

Vignetten verstehen sich als kurze Anekdoten, welche meist in unter einer Minute erzählt werden. Glaubwürdigkeitsgeschichten berichten von anderen Menschen und deren Erlebnissen. Diese Menschen stechen primär durch ihr besonderes Verhalten hervor und fesseln den Zuhörer so an die Geschichte. Das letzte Muster, die Feuerproben und Bewährungen, handeln wiederum von eigenen Erlebnissen und Erfahrungen. Hier liegt der Fokus auf herausfordernden Hindernissen, welche durch den Erzähler selbst überwunden wurden.[70] Zu beachten ist jedoch bei allen drei Mustern, dass die Geschichte und der Ablauf der Erzählung gut durchdacht und vorbereitet sein müssen.[71]

Das Ziel des Storytelling besteht darin, eine Veranstaltung zu emotionalisieren und Glaubwürdigkeit sowie Unterhaltung in Bezug auf eine Thematik oder eine Aufgabe zu schaffen. Durch diese Methode begibt sich der Moderator in eine nahbare

---

[66] Vgl. Sperling/Wasseveld-Reinhold, 2011, S. 96.

[67] Vgl. Nußbaum/Schöneberger, 2020, S. 89.

[68] Vgl. Nußbaum/Schöneberger, 2020, S. 89.

[69] Vgl. Ernst-Marcus, 2019, S. 70.

[70] Vgl. Ernst-Marcus, 2019, S. 70.

[71] Vgl. Malak, 2022, S. 127.

Position und begegnet dem Publikum auf einer persönlichen Ebene. Anwesende können sich anhand der Geschichten länger und besser an die Inhalte erinnern und an der jeweiligen Geschichte festhalten.[72]

4. Ablaufmoderation

Im Rahmen einer Ablaufmoderation führt der Moderator das Publikum durch ein vorgegebenes Programm. Die Moderationsarbeit beschränkt sich hierbei lediglich auf das Ansagen der einzelnen Programmpunkte. Innerhalb der Ablaufmoderation sind somit keine Interviews, Diskussionen oder weiterführende Gespräche vorgesehen. Der Moderator legt seinen Fokus primär auf die Durchführung eines strukturierten Programmablaufs und gibt keine Inhaltsäußerungen von sich.[73] Innerhalb der Ablaufmoderation wird durch den Einsatz des Moderators Struktur im Ablauf und im Prozess der Veranstaltung geschaffen. Die Aufgaben des Moderators umfassen in diesem Fall die Anmoderation, das Schaffen von gedanklichen Übergängen und die zum Schluss folgende Abmoderation.[74]

5. Spielmoderation

Ein sogenannter Spielmoderator wird vermehrt auf Messen, an Messeständen und auf anderen öffentlichen Veranstaltungen eingesetzt. Die Spielmoderation kann zum Beispiel in Form von Versteigerungen, Tombolas oder Quizspielen stattfinden.[75] Sie zielt hauptsächlich auf die Animation und Aktivierung des Publikums vor Ort ab. Als Kompetenzen sind hier vor allem Offenheit und Freundlichkeit des Beauftragten gefordert. Durch eine offene und fröhliche Art des Moderators werden aktive Interaktionen mit den Besuchern ermöglicht und es wird eine Einladung der Besucher auf den Messestand geschaffen.[76] Durch die Spielmoderation kann Aufmerksamkeit erzeugt werden, um etwa Besucher im Vorbeigehen auf den Messestand und die Präsenz des Unternehmens aufmerksam zu machen.[77]

6. Interview und Diskussionsleitung

Der Moderator hat hier die Aufgabe, Interviews und Talkrunden mit Fachleuten zu führen. Dies setzt ein gewisses Grundverständnis für die Thematik voraus. So erweist es sich als sinnvoll, einen Fachmann als Moderator zu beauftragen beziehungs-

---

[72] Vgl. Ernst-Marcus, 2019, S. 68.

[73] Vgl. Gundlach, 2013, S. 145.

[74] Vgl. Röthlisberger, 2017, S. 79.

[75] Vgl. Gundlach, 2013, S. 145.

[76] Vgl. Gundlach, 2013, S. 145.

[77] Vgl. Ullmann, 2020, S. 15 f.

weise einen Moderator zu wählen, welcher sich anhand eines ausführlichen Briefings gut in die Thematik einlesen kann. Diese Art der Moderation ist häufig bei Tagungsveranstaltungen gefragt.[78]

In Anbetracht des Interviews erweist es sich als sinnvoll, Fragen vorzubereiten, die durch den Moderator eingesteuert werden, um Unsicherheit und Ratlosigkeit zu vermeiden. Dies sollte auch der Fall sein, wenn das Publikum mit Fragen eingebunden wird.[79] Die Kommunikation verläuft in dieser Art der Moderation folglich nicht einseitig von dem Experten an das Publikum, sondern wird durch den Moderator ergänzt. Dieser kann jederzeit den Dialog um das Publikum erweitern.[80] Das Interview kann zudem durch interaktive Moderationswerkzeuge wie beispielsweise Q&A-Runden (Questions and Answers) erweitert werden.[81]

Bei einer Diskussionsleitung bedarf es aufbauend auf dem Interview noch konkreter Spielregeln, die durch den Moderator eingesteuert und kontrolliert werden.[82] So wird ein reibungsloser Ablauf der Diskussion ermöglicht. Zudem bieten Spielregeln dem Moderator die Möglichkeit, steuernd in die Diskussion einzugreifen, ohne autoritär aufzutreten oder eine Meinung einnehmen zu müssen.[83] Der Moderator benötigt in dieser Situation ein hohes Maß an Aufmerksamkeit, bezogen auf die Diskussion und die geäußerten Inhalte, um einen geregelten Ablauf sicherzustellen.

V. Inszenierungsmöglichkeiten der Moderation

1. Prominente Persönlichkeit

Die Inszenierung spielt bei Veranstaltungen eine besonders wichtige Rolle. Durch sie erfolgt die Vermittlung der Eventbotschaft, welche folglich zur Erreichung des Eventziels beiträgt.[84] Auch die Moderation kann in diesem Rahmen inszeniert werden. So kann zum Beispiel eine prominente Persönlichkeit die Rolle des Moderators übernehmen.

Durch die Anwesenheit eines prominenten Moderators wird den Gästen Wertschätzung vermittelt[85], daneben eine konkrete Botschaft und ein Gefühl für die Veranstaltung.[86] Wird ein besonders beliebter Prominenter eingesetzt, kann die Sympathie übertragen werden, ähnlich wie bei Markenbotschaftern. Die Verpflichtung

---

[78] Vgl. Gundlach, 2013, S. 145.

[79] Vgl. Lauff, 2019, S. 140 f.

[80] Vgl. Röthlisberger, 2017, S. 83.

[81] Vgl. Münch/Luppold, 2021, S. 101.

[82] Vgl. Sperling/Wasseveld-Reinhold, 2011, S. 107.

[83] Vgl. Sperling/Wasseveld-Reinhold, 2011, S. 108.

[84] Vgl. Zanger/Drengner, 2010, S. 206.

[85] Vgl. Nußbaum. 2020, S. 90.

[86] Vgl. Gundlach, 2013, S. 135.

eines Comedians lässt beispielsweise eine positive Stärkung von humoristischer Stimmung erwarten.

Eine prominente Persönlichkeit kann zudem als eine Art Magnet in der Kommunikation agieren.[87] Durch die Erwähnung und Werbung mit der Anwesenheit des Prominenten können bereits vor Veranstaltungsstart Aufmerksamkeit und Interesse generiert werden[88], was in der Konsequenz zu mehr Teilnehmern führen kann.[89] Zudem kann die Veranstaltung durch den Prominenten konzeptionell aufgewertet werden; er verleiht der Veranstaltung eine entsprechende Wertigkeit und liefert „Glamour".[90] Emotionalisierung sorgt für mehr Identifikation der Gäste mit der Veranstaltung und deren Inhalten, mit einem positiven Imagetransfer.[91]

Nur eine Präsentation von „Prominenz" in dessen gewohnten Formaten und Medien vermeidet Unglaubwürdigkeit – und ist so die Plattform, auf der Talent und Können zur Entfaltung kommen.[92] Ein Fernsehmoderator ist nicht zwingend ein guter Veranstaltungsmoderator, einem bühnenerfahrenen Sänger liegt diese Kunst, gegebenenfalls aber nicht das Führen durch eine Diskussion oder eine Konferenz. Es empfiehlt sich folglich, je nach Veranstaltungsart, Thema und Zielsetzung eine passende Persönlichkeit zu engagieren. Bekannte Moderatoren und Komiker sind primär visuell bekannt, während Politikern eine höhere Namensbekanntheit zugeschrieben wird (vergleiche Abbildung 2). Auch dies gilt es zu beachten, um die höchstmögliche Wirkung des Moderators und seiner Persönlichkeit zu erreichen.

Die MTV (Music Television) Video Music Awards setzen bereits seit Jahrzehnten auf dieses Prinzip. So verpflichtet der Veranstalter bekannte Gesichter aus der Musikbranche für die Award-Verleihung; die Prominenten sind dort auch zu Hause.[93] So wird gewährleistet, dass das benötigte Vorwissen der Moderatoren besteht und Fauxpas vermieden werden. Ein vergleichbares Prinzip ist bei den Oscarverleihungen zu finden: Prominente Persönlichkeiten mit hohem Unterhaltungspotenzial wie beispielsweise Jimmy Kimmel[94], Chris Rock[95] oder Ellen DeGeneres[96] werden engagiert, um die Moderation mit ihren Auftritten zu veredeln.

---

[87] Vgl. Nußbaum, 2020, S. 90.

[88] Vgl. Zanger/Drengner, 2016, S. 122.

[89] Vgl. Kulhavy, 2017, S. 468.

[90] Vgl. Nußbaum, 2020, S. 90.

[91] Vgl. Wolber, 2014, S. 32.

[92] Vgl. Gundlach, 2013, S. 135.

[93] Vgl. Serrano, 2022, o. S.

[94] Vgl. Oscars, 2022, o. S.

[95] Vgl. Oscars, 2015, o. S.

[96] Vgl. Oscars, 2013, o. S.

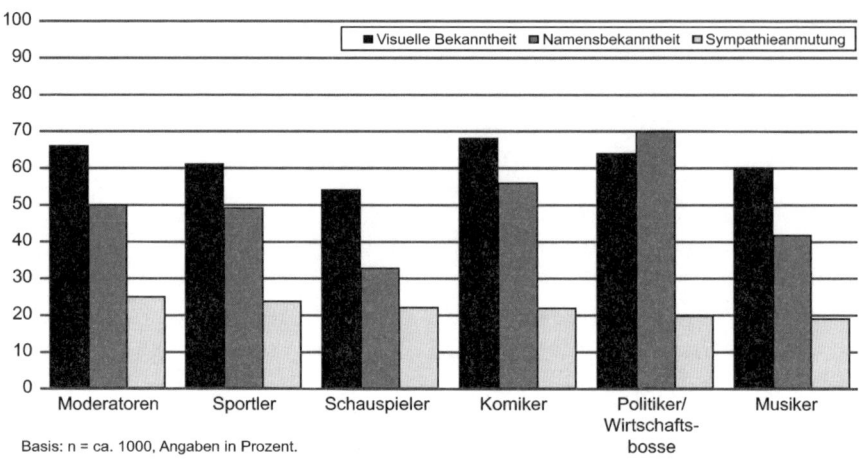

Abbildung 2: Bekanntheit verschiedener Prominentengruppen.
Quelle: Kilian, 2018, S. 362.

2. Anordnung im Raum

Eine Moderationsinszenierung kann auch anhand der Anordnung des Moderators im Raum erfolgen. Hierbei kann die Bühnenpräsenz ein ausschlaggebender Faktor sein. Es können beispielsweise zwei oder mehrere Bühnen zur Verfügung gestellt werden.[97] Bei einem solchen Raumaufbau kann frei entschieden werden, ob gegebenenfalls mehrere Moderatoren zum Einsatz kommen. Diese Art der Inszenierung schafft neue Interaktionsmöglichkeiten. Das Publikum kann stärker in den eigentlichen Programmablauf involviert werden. Des Weiteren kann die Nutzung diverser Bühnen online beziehungsweise hybrid erfolgen. So können an mehreren Orten oder in Studios Bühnen aufgebaut und digital zusammengeschaltet werden.[98]

Eine weitere Variationsmöglichkeit ist, ob der Moderator während seines Auftrittes sitzt oder steht. Je nach Aufgabenfeld und Moderationsart kann eine sitzende oder stehende Moderation Vorteile mit sich bringen. Ein kontinuierliches Stehen wird von manchen Personen als machtvolle, dominante Position wahrgenommen. Dies kann besonders bei langen Auftritten des Moderators dezent durch gelegentliches Sitzen aufgelockert werden. Auch Eigenschaften wie eine laute Stimme oder eine lebhafte Gestik können durch gelegentliches Sitzen abgeschwächt werden.[99] Die Möglichkeit des Sitzens bietet sich primär bei Diskussionsrunden und Fragerunden an. Eine Ablaufmoderation erfolgt beispielsweise dynamisch und ein Sitzen des Moderators

---

[97] Vgl. Münch/Luppold, 2021, S. 76.
[98] Vgl. Münch/Luppold, 2021, S. 76.
[99] Vgl. Sperling/Wasseveld-Reinhold, 2011, S. 160.

würde an dieser Stelle als unnatürlich empfunden werden. Die Sitz- oder Stehentscheidung erfolgt somit situativ und basiert unter anderem auf der jeweiligen Moderationsart.

Daneben gilt es zu klären, wo sich der Moderator befindet und wie er sich durch den Raum bewegt. Läuft die Moderation vom Rednerpult aus oder erfolgt sie frei auf der Bühne mit einem Mikrofon in der Hand? Wo sollen Anmoderation, Gesprächsmoderationen und Abmoderation erfolgen? Wichtig sind einfache Wege und kein kompliziertes Kreuzen mit Rednern. Aus diesem Grund ist es sinnvoll, Moderator und Redner aus unterschiedlichen Richtungen die Bühne betreten zu lassen, um gegenseitiges Verfolgen zu umgehen.[100] Abbildung 3 greift einen möglichen Ablauf einer Anmoderation auf. Hierbei treten Redner und Moderator von unterschiedlichen Seiten der Bühne aneinander heran, um sich zu begrüßen. Der Moderator moderiert den Redner an und bewegt sich wieder auf seine Ursprungsposition zurück. Der Redner bewegt sich anschließend Richtung Rednerpult. Die Abmoderation kann nach demselben oder einem ähnlichen Prinzip erfolgen. Eine übersichtliche und simpel strukturierte Anordnung der Bewegungen im Raum sorgt für Übersichtlichkeit und verhindert Überkreuzungen.

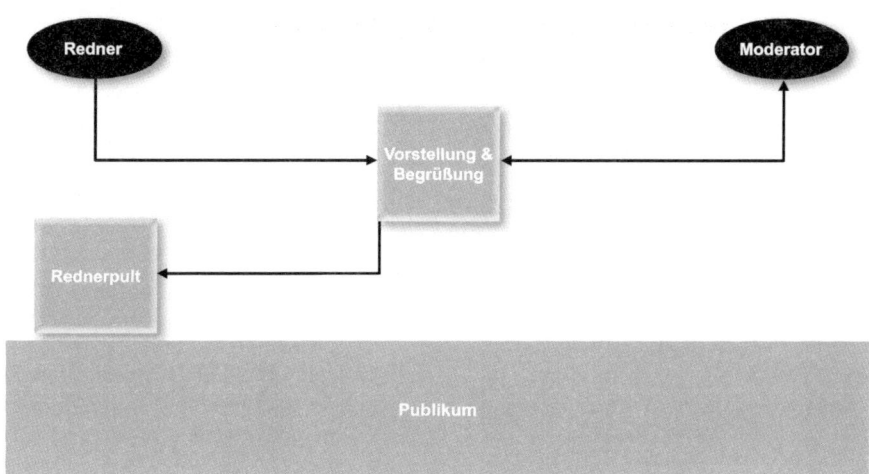

Abbildung 3: Skizze einer möglichen Bewegung im Raum.
Quelle: Vgl. Lauff, 2019, S. 145.

3. Positionierung der Moderation

Die Dramaturgie einer Veranstaltung kann durch die Moderation und die Positionierung des Moderators beeinflusst werden. Ein Moderator kann innerhalb verschie-

---

[100] Vgl. Lauff, 2021, S. 144.

dener Rollen agieren, welche auf die Inszenierung der Veranstaltung Einfluss nehmen. So stehen einem Moderator die Rolle des Gastgebers, des Publikums oder
die Rolle eines außenstehenden Dritten zur Auswahl.[101] Je nach gewählter Positionierung hat die Moderation einen anderen Effekt auf die Veranstaltung und die anwesenden Gäste.

Eine Variation der Positionierung stellt die doppelte Moderation dar. Es werden
zwei Moderatoren eingesetzt, welche ein inszeniertes Wechselspiel auf der Bühne
schaffen. Ein Moderator nimmt die Rolle des Veranstalters ein, während der andere
Moderator die Zielgruppe widerspiegelt. Diese Art der Inszenierung bietet sich besonders in Konfliktsituationen an, welche durch die beidseitige Interessendarstellung
passend in Szene gesetzt und „geführt" werden. So kann ein die Dramaturgie positiv
gestaltendes Element geschaffen werden.[102]

4. Interaktive Live-Technologien

Interaktive Live-Technologien (zum Beispiel Votings, Realtime-Fragen, Kommentare, digitale Großgruppenspiele) werden vermehrt zur Aktivierung des Publikums und zur Interaktion mit den anwesenden Gästen eingesetzt. In den vergangenen
Jahren wurden meist entsprechende Apps entwickelt, die in der Regel kostengünstig
zur Verfügung stehen.[103] Zu beachten ist die Gewährleistung einer verlässlichen Nutzung auch bei größeren Teilnehmerzahlen.

Ein Moderator kann von diesen Technologien profitieren, indem er diesen Input in
die Gestaltung seiner Moderation mit einbezieht. So kann nicht nur die Aufmerksamkeit der Anwesenden aufrechterhalten werden, sondern auch eine aktive Einbindung
von Inhalten und Fragen erfolgen.[104] Die Live-Technologien lassen sich zudem mit
sozialen Medien wie beispielsweise Twitter, Facebook oder Instagram verknüpfen.
Eine Social-Media-Wall, welche die jeweiligen Beiträge zu der Veranstaltung auf-
greift, kann in die Moderation mit aufgenommen werden und eine Verbindung
von analogen und digitalen Inhalten schaffen.[105] Daneben hilft dies dem Moderator
in seiner Rolle als Vermittler, wenn sich dieser im Austausch mit Experten befindet.
Ein vertieftes inhaltliches Vorwissen des Moderators ist somit nicht zwingend notwendig.

Grundsätzlich soll der Moderator den Prozess zielführend unterstützen und Teilnehmer zur Partizipation anregen: Ohne eine aktive Interaktion kommt es nicht zu
einem Erleben und Wissensaustausch der gesammelten Inhalte.[106] Interaktive

---

[101] Vgl. Gundlach, 2013, S. 146.
[102] Vgl. Gundlach, 2013, S. 146.
[103] Vgl. Luppold/Graf, 2018, S. 85.
[104] Vgl. Knoll, 2017, S. 49.
[105] Vgl. Wünsch, 2016, S. 149.
[106] Vgl. Michalski et. al, 2017, S. 269.

Live-Technologien können online sowie auch onsite eingesetzt werden.[107] Zu beachten sind vor Ort vorwiegend die Auslegung der WLAN-Anbindung sowie die Kompatibilität der App-Anwendung mit den jeweiligen Betriebssystemen.[108] Zudem erweist es sich als äußerst sinnvoll, den Moderator mit den Tools vertraut zu machen, um potenziellen Fehlern entgegenzuwirken.

VI. Fazit und Ausblick

Moderation hält die einzelnen Komponenten einer Veranstaltung zusammen und ermöglicht dem Veranstalter einen gelungenen, zielstrebigen Veranstaltungsablauf. Sie gilt als ein essenzieller Bestandteil von Veranstaltungen und diversen weiteren Kommunikationsformaten. Durch einen Moderator können Inhalte verständlich gestaltet, Dramaturgien geschaffen und Emotionen vermittelt werden. Die Moderation gestaltet den Rahmen der Veranstaltung und führt die Anwesenden durch den Ablauf. Durch neue Technologien sowie verschiedene Moderationsarten kann Moderation je nach Zielgruppe und Ziel der Veranstaltung passend inszeniert und ausgestaltet werden. Eine Moderation kann folglich auf viele unterschiedliche Arten ablaufen und sich trotz des allgemeinen, unterstützenden Charakters völlig von der einer anderen Veranstaltung unterscheiden.

Anhand der zunehmenden Relevanz von Veranstaltungen und persönlichen Interaktionen[109] ist naheliegend, dass auch der Moderation eine höhere Bedeutung zukommen wird. Moderieren wird als ein komplexes Konstrukt betrachtet, welches viele Kompetenzen und Kommunikationstechniken umfasst. Auch mit Blick auf neue, die Interaktion unterstützende Technologien werden die Kompetenzen eines Moderators zunehmend wichtiger.

Verwendete und weiterführende Literatur

Bartscher, Thomas/*Nissen*, Regina (2018): Moderation, in: https://wirtschaftslexikon.gabler.de/definition/moderation-38919/version-262340 (eingestellt am 14.02.2018, abgerufen am 04.01.2023).

Deutsche Gesellschaft für Moderation e.V. (2013): Manifest Moderation, Gröbenzell (o.V.).

Deutsche Gemeinschaft für Moderation (2013): Was ist Moderation von Gruppenprozessen/Wirtschaftsmoderation?, in: https://www.dgfmod.de/de/moderation.php (abgerufen am 13.01.2022).

Edmüller, Andreas/*Wilhelm*, Thomas (2021): Moderation, 7. Auflage, Freiburg (Haufe-Lexware).

---

[107] Vgl. Michalski et. al, 2017, S. 270 f.

[108] Vgl. Luppold/Graf, 2018, S. 85.

[109] Vgl. Haag, 2014, S. 25.

Eisend, Martin/*Kuß*, Alfred (2010): Humor in der Kommunikation, in: Bruhn, Manfred/Esch, Franz-Rudolf/Langer, Tobias (Hrsg.): Handbuch Kommunikation: Grundlagen – Innovative Ansätze – Praktische Umsetzungen, Wiesbaden (Gabler), S. 629–644.

Eisend, Martin/*Kuß*, Alfred (2018): Humor erfolgreich in der Kommunikation verwenden, in: Langner, Tobias/Esch, Franz-Rudolf/Bruhn, Manfred (Hrsg.): Handbuch Techniken der Kommunikation: Grundlagen – Innovative Ansätze – Praktische Umsetzungen, Wiesbaden (Springer Gabler), S. 343–354.

Ernst-Marcus, Thomas (2019): Der perfekte Auftritt: Wie Sie mit einfachen Mitteln Ihre Wirkung verbessern, 3. Auflage, Freiburg (Haufe-Lexware).

Franck, Norbert (2021): Handbuch Kommunikation: Reden – Präsentieren – Moderieren in Studium und Wissenschaft, Paderborn (UTB).

Freimuth, Joachim (2010): Moderation, Göttingen (Hogrefe).

Graf, Monika/*Luppold*, Stefan (2018): Der spannende Weg vom ersten Konzept zur finalen Show – eine 360-Grad-Betrachtung der Live-Inszenierung, Wiesbaden (Springer Gabler).

Groß, Stefan (2018): Moderationskompetenzen: Kommunikationsprozesse in Gruppen zielführend begleiten, Wiesbaden (Springer Gabler).

Gundlach, Axel (2013): Wirkungsvolle Live-Kommunikation: Liebe Deine Helden: Dramaturgie und Inszenierung erfolgreicher Events, Wiesbaden (Springer Fachmedien).

Haag, Patrick (2014): Auswahl von Instrumenten & Maßnahmen der Live-Kommunikation: Modellbasierte und zielorientierte Auswahl von Live-Kommunikation für Start-Ups und KMU, München (AVM).

Hillebrecht, Steffen (2016): Gruppenarbeiten vorbereiten und moderieren: Eine kleine Trickkiste für die erfolgreiche Leitung von Teams und Projekten, Wiesbaden (Springer Gabler).

Kanitz, Anja (2020): Crashkurs Professionell Moderieren, Freiburg (Haufe-Lexware).

Kilian, Karsten (2018): Testimonials wirkungsvoll in der Kommunikation einsetzen, in: Langner, Tobias/Esch, Franz-Rudolf/Bruhn, Manfred (Hrsg.): Handbuch Techniken der Kommunikation: Grundlagen – Innovative Ansätze – Praktische Umsetzungen, Wiesbaden (Springer Gabler), S. 355–379.

Klebert, Karin/*Straub*, Walter G./*Schrader*, Einhard (2002): Moderations-Methode: Das Standardwerk, Hamburg (Windmühle).

Kulhavy, Gerd (2017): Akteure auf Veranstaltungen, in: Bühnert, Claus/Luppold, Stefan (Hrsg.): Praxishandbuch Kongress-, Tagungs- und Konferenzmanagement: Konzeption & Gestaltung, Werbung & PR, Organisation & Finanzierung, Wiesbaden (Springer Gabler), S. 465–474.

Kutzschenbach, Claus von (2016): Kundenevents – richtig gut moderiert! Der Praxisleitfaden für Veranstaltungen mit Nachwirkung, Wiesbaden (Springer Gabler).

Lauff, Werner (2019): Perfekt schreiben, reden, moderieren, präsentieren: Die Toolbox mit 100 Anleitungen für alle beruflichen Herausforderungen, 2. Auflage, Freiburg (Schäffer-Poeschel).

Lauff, Werner (2021): Perfekt schreiben, reden, moderieren, präsentieren: die Toolbox mit 100 Anleitungen für alle beruflichen Herausforderungen, 2. Auflage, Stuttgart (Schäffer-Poeschel).

Lubienetzki, Ulf/*Schüler-Lubienetzki*, Heidrun (2020): Sag mal: Wo geht's lang und wie kommen wir dahin? Worauf es bei der Moderation von Gruppen ankommt, Berlin, Heidelberg (Springer).

Luppold, Stefan/*Graf*, Monika (2018): Event-Regie: Der spannende Weg vom ersten Konzept zur finalen Show – eine 360-Grad-Betrachtung der Live-Inszenierung, Wiesbaden (Springer Gabler).

Malak, Yvonne (2022): Das Moderationshandbuch: alles, was Radio-Profis wissen müssen, Baden-Baden (Nomos).

Michalski, Ulrike/*Gehlert*, Oliver/*Tandler*, Peter/*Dieckmann*, Florian (2017): Erlebnis Inszenierte Digitale Moderation: Wertschätzende Partizipation in großen Gruppen, in: Zanger, Cornelia (Hrsg.): Erlebnis Inszenierte Digitale Moderation: Wertschätzende Partizipation in großen Gruppen, Wiesbaden (Springer), S. 263–285.

Münch, Christian/*Luppold*, Stefan (2021): Ehrliche Events: Weg vom Hype hin zum Menschen – warum wir Events neu denken müssen und was es bringt, Wiesbaden (Springer Gabler).

Nußbaum, Brigitte/*Schöneberger*, Barbara (2020): Perfekt verbunden: Moderation die ankommt, in: Nußbaum, Brigitte (Hrsg.): Im Rampenlicht: Der rote Faden zum Event-Erfolg, Berlin (Verlag Wissenschaft & Praxis), S. 84–91.

Oscars (2013): Ellen Degeneres returns to host the Oscars, in: https://www.oscars.org/news/ellen-degeneres-returns-host-oscars (eingestellt am 02.08.2013, abgerufen am 03.02.2023).

Oscars (2015): Christ Rock returns to host the Oscars, in: https://www.oscars.org/news/chris-rock-returns-host-oscars (eingestellt am 21.10.2015, abgerufen am 03.02.2023).

Oscars (2022): Jimmy Kimmel returns to host 95th Oscars, in: https://press.oscars.org/news/jimmy-kimmel-returns-host-95th-oscars (eingestellt am 07.11.2022, abgerufen am 03.02.2023).

Röthlisberger, Samuel (2017): Erlebnisse mit Format, in: Bühnert, Claus/Luppold, Stefan (Hrsg.): Praxishandbuch Kongress-, Tagungs- und Konferenzmanagement: Konzeption & Gestaltung, Werbung & PR, Organisation & Finanzierung, Wiesbaden (Springer Gabler), S. 77–85.

Schawel, Christian/*Billing*, Fabian (2009): Top 100 Management Tools: Das wichtigste Buch eines Managers, Wiesbaden (Gabler).

Schott, Dominik Umberto (2021): Souverän präsentieren – Die erste Botschaft bist Du: Wie Sie Körpersprache authentisch und wirkungsvoll einsetzen, Wiesbaden (Springer Gabler).

Seifert, Josef W. (2010): Moderation & Kommunikation: Gruppendynamik und Konfliktmanagement in moderierten Gruppen, Offenbach (GABAL).

Serrano, Athena (2022): LL Cool J, Nicki Minaj, And Jack Harlow Are Your 2022 VMAs MCs: The trio of hip-hop heavyweights will emcee the show on August 28, in: https://www.mtv.com/news/bwqyzd/ll-cool-j-nicki-minaj-jack-harlow-mc-vmas (eingestellt am 18.08.2022, abgerufen am 03.02.2023).

Sperling, Jan Bodo/*Wasseveld-Reinhold*, Jacqueline (2011): Moderation: Effiziente Besprechungen und Projektmeetings, Freiburg (Haufe).

Ullmann, Eva (2020): Humor ist Chefsache: Besser führen, verhandeln und präsentieren – so entwickeln Sie Ihren humorvollen Fingerabdruck, Wiesbaden (Springer).

Unger, Ursula (2023): Der Moderator als Gastgeber von Veranstaltung und Event, in: https://business-elf.de/moderator-veranstaltung-event/ (abgerufen am: 26.01.2023).

Waible, Frank (2019): Online-Moderationen planen, vorbereiten und durchführen: ein Überblick für Studierende und Praktiker, Wiesbaden (Springer Gabler).

Wolber, Hendrik (2014): Die 11 Irrtümer über Event Management: Was Sie über die Mechanismen der Live-Kommunikation und deren Umsetzung wissen sollten, Wiesbaden (Springer Gabler).

Wünsch, Ulrich (2016): Handbuch Erlebnis-Kommunikation: Grundlagen und Best Practice für erfolgreiche Veranstaltungen, 2. Auflage, Berlin (Erich Schmidt).

Zanger, Cornelia/*Drengner*, Jan (2010): Eventmarketing, in: Bruhn, Manfred/Esch, Franz-Rudolf/Langer, Tobias (Hrsg.): Handbuch Kommunikation: Grundlagen – Innovative Ansätze – Praktische Umsetzungen, Wiesbaden (Gabler), S. 195–214.

Zanger, Cornelia/*Drengner*, Jan (2016): Einsatz des Event Marketing für die Marketingkommunikation, in: Bruhn, Manfred/Esch, Franz-Rudolf/Langner, Tobias (Hrsg.): Handbuch Instrumente der Kommunikation: Grundlagen – Innovative Ansätze – Praktische Umsetzungen, 2. Auflage, Wiesbaden (Springer), S. 113–139.

Veranstaltungsprotokoll

Von *Marion Strobel*

I. Einleitung

„Veranstaltungsprotokoll" hat doch sicher etwas mit Protokollieren zu tun. Das hört sich doch an, als ob man ein schriftliches Protokoll über eine Veranstaltung anfertigt, also ein Verlaufs- oder Ereignisprotokoll. In diesem wird genau erfasst – also „protokolliert" –, was alles passiert ist, was man verbessern kann und welche besonderen Vorkommnisse es während des Events gab. Und zweifellos ist ein solches Protokoll ein wichtiges Mittel zur Dokumentation und beim Qualitätsmanagement.

Aber in diesem Beitrag geht es um ein komplett anderes „Veranstaltungsprotokoll". Wir tauchen zunächst ein in die Welt des „diplomatischen Protokolls", in die Welt des roten Teppichs und der Staatsbesuche. Und wir beleuchten die Bedeutung der dort angewandten protokollarischen Regeln und Abläufe im Hinblick auf ihre Rolle als Erfolgsfaktoren bei der Planung und Durchführung einer klassischen „Veranstaltung". Denn diese abgewandelte, pragmatischere Auslegung des klassischen diplomatischen Protokolls unterstützt erheblich die Rolle des „Gastgebers" bei einer Veranstaltung und trägt damit maßgeblich zum Erfolg und der nachhaltigen Wirkung bei den Teilnehmenden bei. Das Veranstaltungsprotokoll bringt schlussendlich den „human factor" in ein Event.

II. Was bedeutet Protokoll?

Bevor wir anhand eines konkreten Beispiels die Bedeutung des Veranstaltungsprotokolls analysieren, möchte ich ein gewisses Grundverständnis für „das Protokoll" schaffen. Wir wissen bereits, dass es bei unserem Thema nicht um die schriftliche Zusammenfassung eines Vorgangs geht, sondern um etwas ganz anderes. Aber um was? Welche „protokollarischen" Bilder tauchen vor dem geistigen Auge auf?

Wie eingangs schon angedeutet, sind es vielleicht Bilder aus den Nachrichten im Fernsehen, man sieht einen Staatsbesuch, den roten Teppich, den Bundeskanzler und einen Staatsgast bei einer Pressekonferenz, den Bundespräsidenten bei einer Rede. Und schon sind wir mittendrin, im offiziellen „staatlichen" oder „diplomatischen" Protokoll!

Das Bundesministerium des Inneren, zuständig für protokollarische Angelegenheiten in Deutschland, hat auf seiner Website eine griffige Formulierung gefunden:

Das staatliche Protokoll umfasst die Gesamtheit ordnender zeremonieller Regeln und Aktivitäten bei offiziellen und repräsentativen Anlässen.[1]

Welche Regeln und Aktivitäten sind gemeint? Es sind Regeln und Aktivitäten für den Umgang zwischen souveränen Staaten, so wie ihn das staatliche Protokoll inszeniert. Daraus entstehen die Bilder vom roten Teppich, auf dem der Bundeskanzler oder der Bundespräsident mit einem Staatsgast entlangschreitet oder die Bilder von großen Gipfeltreffen mit vielen Staatspräsidenten. Alles sieht dabei so selbstverständlich aus und als ob es gar nicht anders sein könnte. In Wahrheit folgt ein solcher Anlass tatsächlich sehr klaren und strengen Regeln, die vom Protokoll organisiert und durchgeführt werden. Das Protokoll schreibt das Drehbuch und sorgt für den präzisen Ablauf, besonders im Hinblick auf die Einhaltung des Zeitplans. Dabei bedient sich das staatliche Protokoll sehr klarer, immer gleicher Vorgaben und Regeln. Hört sich „streng" und „langweilig" an? Aber es gibt einen guten Grund dafür: Diese Regeln werden tatsächlich weltweit angewandt und man „versteht" sich auf dieser Ebene international. Es ist die global „gesprochene" und verstandene Sprache des Protokolls. Im Idealfall sorgt sie für die überall gleiche Behandlung, gibt Struktur und schafft weltweit Vergleichbarkeit. Wenn man statt des recht abstrakten Begriffs „Protokoll" den Ausdruck „Zeremoniell" verwendet, trifft das die Sache eigentlich sehr gut, denn im staatlichen Protokoll gibt es sehr viele, sich auf der ganzen Welt immer wiederholende, Zeremonien. Sie stellen sicher, dass Gäste derselben Hierarchiestufe immer korrekt und ihrer Stellung entsprechend behandelt werden, und sie geben dem Auftritt den nötigen Halt und einen geordneten Rahmen. Und sie finden in der Regel in der Öffentlichkeit statt, also unter den Augen eines Publikums und vor der Presse. Somit ist das staatliche Protokoll sehr oft etwas sehr „Sichtbares".

III. Die internationale Sprache des Protokolls

Die internationale Sprache des staatlichen Protokolls bedient sich vieler, teilweise sehr komplexer, Tools, deren wichtigste im Folgenden kurz vorgestellt werden.

Wir wollen zunächst die Symbolsprache betrachten. Auf der symbolischen Ebene kommt zum Beispiel immer die nationale Länderflagge – in Deutschland sprechen wir dann von der Bundesflagge – zum Einsatz als wichtigstes Identifikationsmittel eines souveränen Staates. Orden und Ehrenzeichen, überreicht durch hohe Repräsentanten des Staates, spiegeln die Werte eines Landes wider. Auch die Auswahl der nationalen Feiertage und ihre Inszenierung fallen unter diese Kategorie. Ebenso werden national bedeutende Gebäude in ihrem historischen Kontext zu einem Sinnbild für die Grundhaltung eines Staates. Für Deutschland lässt sich dies exemplarisch an

---

[1] https://www.protokoll-inland.de/Webs/PI/DE/startseite/start.html.

der Bedeutung der „Neuen Wache" in Berlin als Mahnmal für die Opfer von Krieg und Gewaltherrschaft festmachen. Die freiheitliche demokratische Grundordnung der Bundesrepublik Deutschland wird hier sozusagen „greifbar" und demonstrativ unterstrichen durch den Besuch eines jeden Staatsgastes an diesem besonderen Ort.[2] Und nicht zu vergessen die Nationalhymne eines jeden Landes!

Symbole im staatlichen Protokoll können auch etwas „prosaischer" sein, wenn wir zum Beispiel an die symbolischen Autokennzeichen der obersten Vertreter des Staates, der fünf Verfassungsorgane, denken. Diese fünf Vertreter werden uns später noch in einer wichtigen Rolle begegnen.

Auch die Begleitung eines Staatsgastes durch eine Motorradeskorte ist von hoher Symbolkraft. Der Kenner liest darin wie in einem offenen Buch und weiß sofort, um welche Besuchsart es sich handelt.[3]

Soweit in kurzen Worten eine Auswahl aus dem „Besteckkasten der Symbole" des staatlichen Protokolls, der auch in der Tat, mit wenigen Ausnahmen, auf das staatliche Protokoll beschränkt bleibt.[4] Doch das staatliche Protokoll hat noch mehr im Portfolio! Denn zu Recht wird man sich nun fragen, was das bisher Vorgestellte mit „Veranstaltungsprotokoll" zu tun hat. Sollen bei einer Veranstaltung nun Orden verliehen oder besondere Autokennzeichen verwendet werden? Oder Motorradeskorten zum Einsatz kommen? Nein, natürlich nicht. Wir waren bisher auf rein staatlichem Terrain unterwegs und insbesondere die Inszenierung von besonderen, staatlich veranlassten Feierstunden und Gedenkanlässen ist staatliches Hoheitsgebiet. Hier kommen diese beschriebenen Symbole zum Einsatz.

Aber… das staatliche Protokoll bedient sich einer ganzen Reihe anderer, sehr handfester Regeln und Abläufe, die sich gewinnbringend und positiv in eine Veranstaltung integrieren lassen.

IV. Was bewirkt das staatliche Protokoll?

Bevor diese Regeln und Abläufe vorgestellt werden, wollen wir nochmal herausarbeiten, WARUM das staatliche Protokoll so agiert, wie es agiert, und was dies im Ergebnis für das Veranstaltungsprotokoll bedeutet.

Zunächst rekapitulieren wir: Das staatliche Protokoll regelt den Umgang zweier souveräner Staaten untereinander über die Repräsentanten der jeweiligen Staaten. Das staatliche Protokoll umfasst die Gesamtheit ordnender zeremonieller Regeln

---

[2] Die „neue Wache" wurde am 14. November 1993, am Volkstrauertag, als „Zentrale Gedenkstätte" der Bundesrepublik Deutschland für die Opfer von Krieg und Gewaltherrschaft eingeweiht.

[3] Siehe hierzu ausführlich: Wohlan, Martina: Das diplomatische Protokoll im Wandel. Tübingen, Mohr Siebeck, 2014, S. 212 ff.

[4] Eine Ausnahme kann zum Beispiel der Einsatz einer Länderflagge sein.

und Aktivitäten bei offiziellen und repräsentativen Anlässen. Es sorgt für die Gleichbehandlung der Staaten bei repräsentativen Anlässen.

Fokussieren wir uns nun auf die „Repräsentanten" der erwähnten Staaten. Was macht das Protokoll mit ihnen? Es lässt die Repräsentanten eines Landes gut aussehen und es sorgt dafür, dass sie gute Gastgeber beispielsweise eines Staatsgastes sind. Es sorgt für eine reibungslose Organisation und eine angenehme Atmosphäre. So ermöglicht es die Konzentration der Hauptpersonen auf die Inhalte des Besuchs. Keiner der anwesenden Repräsentanten muss sich Gedanken über die Abläufe machen, dafür sorgt das Protokoll.

Mithilfe des Protokolls wirkt alles wie selbstverständlich und der Flow einer Veranstaltung läuft ganz natürlich. Das Protokoll hat die Fäden in der Hand, es führt Regie und denkt gleichzeitig immer schon einen Schritt weiter.

Nichts bleibt dem Zufall überlassen und im Hintergrund zieht eine perfekt organisierte Protokollmannschaft die Strippen. Woher weiß der Kanzler, wohin er sich mit seinem Staatsgast wenden muss? Woher weiß der Gast, auf welcher Seite der Ehrenformation er Spalier laufen muss? Woher weiß der Bundespräsident, wo sein Platz ist? Wieso hält das Auto mit dem Staatsgast genau da, wo es hält? Weil das Protokoll im Vorfeld den Ablauf minutiös abgeklärt hat. Keine noch so winzige Kleinigkeit bleibt dem Zufall überlassen.

V. Und das Veranstaltungsprotokoll?

Wir können direkt eine klare Parallele ziehen. So wie das staatliche Protokoll seine Repräsentanten gut aussehen lässt und deren Gastgeberrolle orchestriert, so macht es auch das Veranstaltungsprotokoll mit „seinen" Repräsentanten. Das kann der Firmeninhaber sein, der Vorsitzende des Vorstands, der direkte Chef – die Möglichkeiten sind vielfältig. Auch das Veranstaltungsprotokoll plant bis ins kleinste Detail, es kümmert sich dabei um die Einhaltung des zeitlichen Ablaufs und es schafft insgesamt die Rahmenbedingungen für einen reibungslosen Flow.

Auf den Punkt gebracht: Das Protokoll – staatlich und im Event – gestaltet das Programm und sorgt für die passende Atmosphäre, es schafft natürlich auch die organisatorischen und technischen Voraussetzungen. Außerdem gibt es den zeitlichen Ablauf vor und überwacht ihn. Fazit: Das Protokoll bildet generell den Rahmen für hochrangige und besondere Veranstaltungen.

VI. Die „handfesten" Regeln des Protokolls – das Ranking

Welches sind denn nun die „handfesten" Regeln und Abläufe, die das Veranstaltungsprotokoll vom staatlichen Protokoll übernehmen kann und welche die Erfolgsfaktoren für eine Veranstaltung sind?

In der operativen Anwendung spielt das „Ranking" die mit Abstand wichtigste Rolle. Es ist ein Mittel, sichtbar zum Ausdruck zu bringen, wo eine Person innerhalb einer Hierarchie steht, sei es in einer gesellschaftlichen, politischen, kirchlichen oder wirtschaftlichen. Ranking findet überall statt, oft wird es auch völlig unbewusst eingesetzt. So zum Beispiel im familiären Umfeld. Bei einer privaten Feier setzt man die Großeltern bestimmt nicht in die letzte Ecke, denn das Lebensalter und die damit verbundene Erfahrung und Lebensweisheit haben Einfluss auf das innerfamiliäre Ranking. Man zollt den Älteren Respekt. Der Begriff dafür lautet „Senioritätsprinzip" und ist eines der ältesten Ordnungsprinzipien weltweit.

Diesem Prinzip ähnlich, da es auch auf einer langjährigen Erfahrung beruht, ist das „Anciennitätsprinzip". Es bedeutet, dass sich die Reihenfolge, das Ranking, nach dem Dienstalter richtet. Wer länger einem bestimmten Gremium angehört oder länger einen bestimmten Posten innehat, hat den höheren protokollarischen Rang. Das deckt sich sehr oft, aber durchaus nicht immer, mit dem Lebensalter.

Es gibt auch einzelne Personen, die durch ihre Rolle im Ranking ganz weit oben stehen. Manche Rolle ist dabei so klar definiert, dass man sich gar keine Gedanken mehr darüber macht. Der Papst – über dessen obersten Rang in der katholischen Kirche besteht kein Zweifel.

Hohe protokollarische Stellungen, die mit viel Einflussnahme verbunden sind, gibt es auch in der Politik oder in der Wirtschaft. Der Bundespräsident oder der Vorstandsvorsitzende eines großen Unternehmens sind Beispiele dafür. Man kann dieses Prinzip des „Rankings" auf jedes Umfeld übertragen. Innerhalb eines jeden Systems, sei es politisch oder wirtschaftlich, gibt es dann wieder bestimmte Ordnungen, die zu einer ganz bestimmten Reihenfolge führen. Auch in großen internationalen Organisationen.[5]

Die Frage drängt sich auf, ob es für die Zwecke des Protokolls eine Art „Blaupause" für ein allgemein gültiges Ranking gibt, das sich auf alle Veranstaltungen und auf alle sich daraus ergebenden protokollarischen Anforderungen übertragen lässt.

VII. Die Rolle der deutschen Verfassungsorgane

Ja, die gibt es tatsächlich. Es ist das Ranking der fünf deutschen Verfassungsorgane. An diesem Ranking lässt sich das Prinzip eines jeden Rankings und seiner praktischen Umsetzung festmachen. Insbesondere gilt dies für die folgenden wichtigsten protokollarischen Anforderungen einer Veranstaltung:

– Sitzordnungen

– Rednerfolgen

---

[5] Einen Überblick über diverse „Rankings" bietet unter anderem www.protokoll-inland.de oder https://de.wikipedia.org/wiki/Protokollarische_Rangordnung.

– Begrüßungen

– Anschreiben/Anreden

Werfen wir einen Blick auf dieses Grundprinzip des „Rankings". In Deutschland gibt es fünf Verfassungsorgane, die das unerschütterliche Prinzip der deutschen Demokratie verkörpern: Die Gewaltenteilung in Legislative, Exekutive und Judikative.

Es handelt sich um

– den Bundespräsidenten (1)

– die Bundestagspräsidentin (2)

– den Bundeskanzler (3)

– den Bundesratspräsidenten (4)

– den Präsidenten des Bundesverfassungsgerichts (5)

Diese fünf Personen sind hier im korrekten Ranking, wie es in der Staatspraxis üblich ist, aufgelistet.[6]

Aus diesem Ranking entwickelt sich die Sitzordnung, die grundsätzlich so IMMER Gültigkeit hat:

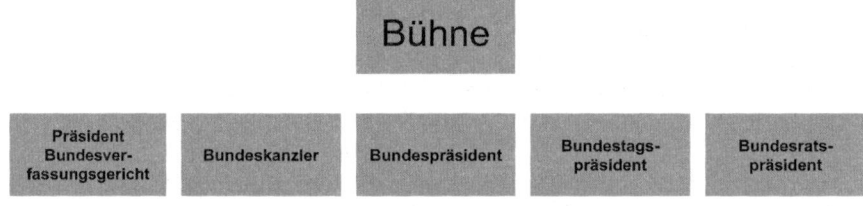

Abbildung 1: Immer gültige Sitzordnung.
Quelle: Eigene Darstellung.

In der Mitte sitzt der Gastgeber beziehungsweise die wichtigste Person, rechts von ihm/ihr die Nummer 2 im Ranking, links die Nummer 3, dann wieder rechts die Nummer 4 und links die Nummer 5 usw.

VIII. Die Praxis des Veranstaltungsprotokolls

Unser Gerüst für den Einsatz des Protokolls bei Veranstaltungen steht hiermit. Zuletzt haben wir die Bedeutung des protokollarischen Rankings und seine Auswirkungen auf verschiedene Aspekte einer Veranstaltung angesprochen. Auch die Schaf-

---

[6] Vgl. www.protokoll-inland.de.

fung bestimmter technischer Voraussetzungen kam zur Sprache und wird noch eine größere Rolle in den weiteren Ausführungen spielen. Darüber hinaus ist bereits klar geworden, dass mit akribischer Planung, vorausdenkender Organisation und dem Wissen um den Sinn protokollarischer Abläufe die Gastgeberrolle „unserer" jeweiligen Hauptperson erfolgreicher ausgefüllt werden kann.

Brechen wir doch diese großen Überschriften im Veranstaltungsprotokoll mal herunter auf konkrete Bedürfnisse. Es geht um Anforderungen an eine Veranstaltung, die über das klassische Eventmanagement und die damit verbundenen Aufgaben hinausgehen. Wir sprechen zum Beispiel von zusätzlich benötigten Räumlichkeiten für verschiedene Belange oder einer bereits angesprochenen protokollarisch korrekten Sitzordnung. Wer kümmert sich um die eingeladenen Redner? Welchen Einfluss nimmt das Protokoll auf die Programmgestaltung insgesamt? Der Umgang mit weiteren hochrangigen politischen Gästen und vor allem mit deren Umfeld kommt ins Spiel. Wenn man etwa einen Minister zu einer Veranstaltung eingeladen hat, hat man in der Vorbereitung mit vielen Menschen zu tun, die alles Mögliche fordern. Und wenn man dann von diesen Wünschen schon mal was gehört hat und die Anforderungen einordnen kann, ist es viel leichter, „auf Augenhöhe" zu verhandeln.

Wir wollen jetzt „Das kleine Einmaleins des Protokolls" an einem realen Beispiel anwenden. Hierzu schauen wir uns die Feier zur Einweihung der Mercedes-Benz „Factory 56" am 3. September 2020 in Sindelfingen bei Stuttgart an.

IX. Die Einweihung der „Factory 56" in Sindelfingen

1. Ausgangssituation

Die „Factory 56", die neueste Produktionsstätte der Mercedes-Benz Car Group im Pkw-Produktionswerk in Sindelfingen, wurde am 2. September 2020 nach über dreijähriger Bauzeit feierlich eingeweiht. Sie war und ist das derzeit modernste Fabrikgebäude der Welt. Dort wird die S-Klasse als voll elektrisches Fahrzeug produziert. Außerdem steht die „Factory 56" unter anderem für CO_2-neutrale Produktion, sie hat als erste Fabrik weltweit ein eigenes 5G-Netz, das alles, sogar die Schraubenzieher, miteinander verbindet, und ist voll umfänglich auf Nachhaltigkeit ausgelegt.

Einladender zu dieser Einweihung war der Vorsitzende des Vorstands der Daimler AG. Neben ihm sollten auch der baden-württembergische Ministerpräsident und ein Vertreter des Bundesverkehrsministeriums eine Rede halten.

2. Allgemeine Überlegungen

Zunächst galt es, allgemeine Rahmenbedingungen zu ermitteln. Die erste Frage lautete daher: Was ist das Ziel der Veranstaltung?

Wir wollten den relevanten Politikern und den Medien „die modernste und sauberste Fabrik der Welt" präsentieren. Im Ergebnis wurde daher die Veranstaltung als Medienevent mit politischen Gästen konzipiert.

Abbildung 2: Eindruck des Gästekreises.
Quelle (dieses und alle anderen Bilder): Mercedes-Benz Car Group

Im nächsten Schritt wurde definiert, WO wir dieses Event durchführen möchten. Wir erinnern uns: Wir weihen eine Fabrik ein, also sollte das idealerweise auch dort stattfinden.

Nun hatten wir in diesen Zeiten nur eingeschränkte Möglichkeiten, weil wegen Covid viele Abstands- und Hygieneregeln eingehalten werden mussten. Also gab es bei unserem Event nur 50 Plätze, die alle gebührend voneinander entfernt waren, aber mitten in der Produktion.

Abbildung 3: Location in der Fabrik

Allgemeine logistische Themen folgten im Anschluss. Wir haben mit den Experten vor Ort zum Beispiel über das Wegeleitsystem gesprochen: Wie kommen die Gäste zum Parkhaus, wohin shutteln wir die Gäste, wo ist die Akkreditierung und so weiter.

Wir haben die technischen Anforderungen besprochen, das Set-up der Bühne, die AV-Anforderungen (audio-visuell) – eben alles, was zu den Rahmenbedingungen einer Veranstaltung gehört. Die Regie wurde verortet und natürlich auch das immer sehr wichtige Thema „Catering" wurde besprochen. Die Medienvertreter erhielten Arbeitsplätze, und damit der letzte Eindruck auch noch ein guter ist, haben wir eine schöne Schlussszenerie eingeplant.

Abbildung 4: Cateringzone   Abbildung 5: Arbeitsplätze

All das ist hier jetzt sehr verkürzt dargestellt, aber die Basics einer Veranstaltungsorganisation können als bekannt vorausgesetzt werden. In diesem Beitrag geht es in
erster Linie um den Mehrwert, den der Einsatz des Veranstaltungsprotokolls liefert.

3. Das Programm

Und wie steht es um das eigentliche Programm? Jetzt sollte aus allen Einzelpa-
keten zunächst mal ein gesamthaftes Programm mit Inhalten, Botschaften und einem
Ablauf erstellt werden.

Die Inhalte wurden bei dieser Veranstaltung in erster Linie von der Unterneh-
menskommunikation und der Strategie bestimmt. Was wollen wir der Öffentlichkeit
sagen? Welche Botschaften sollen hängen bleiben? Und jetzt stellte sich die spannende Frage: WIE wollen wir die Botschaften übermitteln? Mit welchen Tools soll das
erreicht werden? Was muss in die Rede des Vorstandsvorsitzenden? Setzen wir Vi-
deos ein? Wie gestalten wir den „Big Bang" der eigentlichen Eröffnung?

Und wie betten wir die gewünschten Redner ein? Wie sieht denn die Programmgestaltung insgesamt aus?

Beim Stichwort „Programmgestaltung" meldete sich das Veranstaltungsprotokoll
dann vernehmlich zu Wort. Das Protokoll als unabhängige Einheit nahm sich die Bestandteile und die verschiedenen Vorschläge vor, bewertete sie, ordnete sie, brachte
auch selbst Ideen ein, vieles wurde nochmal kritisch hinterfragt. Im Ergebnis machte
das Protokoll auf dieser Basis einen „neutralen" Vorschlag zur Programmgestaltung.
„Neutral" in dem Sinne, dass kein an der Einweihung beteiligter Bereich über- oder
unterrepräsentiert war. Bisweilen ist das schon eine echte Herausforderung.

In diesem Stadium lautete die Aufgabe, einen Ablauf festzulegen, der als „das
Event" von allen Gästen gemeinsam erlebt wurde. Wir werden noch sehen, dass
bis zum offiziellen Beginn des Events schon viel Arbeit für das Protokoll „hinter
den Kulissen" stattfand. Jetzt aber sprechen wir von dem Zeitpunkt, an dem die besonderen Vorbereitungen des Protokolls und die allgemeineren Vorbereitungen für
die Veranstaltung übereinandergelegt wurden, um gemeinsam allen Gästen als „Programm" gezeigt zu werden.

Und so sah das für alle identische Programm aus:

Agenda Einweihung Factory 56, Sindelfingen, 2. September 2020
Hier: Kernprogramm für Medien, Gäste und politische VIPs

11.00 h   Beginn der Eröffnungsfeier mit der Begrüßung der Gäste durch die Moderatorin
11.03 h   Video Factory 56
11.04 h   Rede 1: Der Vorsitzende des Vorstands
11.09 h   Nach Anmoderation Rede 2 des Ministerpräsidenten von Baden-Württemberg
11.20 h   Nach Anmoderation Rede 3 des Vertreters des Bundesverkehrsministeriums
11.26 h   Nach Überleitung Talk I mit dem zuständigen Vorstandsmitglied
11.32 h   Nach Ankündigung Video „Mensch im Mittelpunkt" mit Statements von
          Mitarbeiterinnen und Mitarbeitern sowie Standortleiter, OB und Landrat
11.33 h   Talk II mit Standortverantwortlichem und Betriebsratsvorsitzendem
11.39 h   Offizieller Eröffnungsakt mit MP, Stskr., VV
11.40 h   Schlussworte und offizielles Pressefoto
11.43 h   Ende der Veranstaltung

4. Anteil des Veranstaltungsprotokolls

Das Veranstaltungsprotokoll nahm von Anfang an erheblichen Einfluss auf die Gestaltung des Programms. Es bestimmte naturgemäß maßgeblich die protokollarisch korrekte Rednerreihenfolge und versuchte gleichzeitig im Sinne einer erfolgreichen Veranstaltung, die Zahl der Redner niedrig zu halten.

Die Krux war dabei wie immer: Es ist zwar schon alles gesagt, aber noch nicht von jedem. Denn es gab auch hier noch viele andere Menschen, die ebenfalls alle sehr wichtig waren und die gern zu Wort kommen wollten. Als Grundregel galt aber ganz klar: Weniger ist wie so oft auch hier mehr.

Daher war das erklärte Ziel, langweilige Endlosabfolgen von Reden zu verhindern. Dazu eignen sich andere Formate, die das Programm auflockern.

Wie wäre es zum Beispiel mit einer Talkrunde oder dem Einbinden von Statements anderer wichtiger Persönlichkeiten, beispielsweise eines Bürgermeisters oder Landrats, per Video? Auch Mitarbeitende kann man wunderbar per Video zu Wort kommen lassen. Und ein enormer Pluspunkt bei Videostatements ist die zeitliche Kontrolle.

Die Sitzordnung ging selbstverständlich auch komplett auf das Konto des Veranstaltungsprotokolls und war in der Veranstaltung sichtbarer Ausdruck der Kompetenz, mit der hier protokollarische Regeln angewandt wurden.

Also alles in allem haben wir im Rahmen der allgemeinen Veranstaltungsvorbereitungen als Veranstaltungsprotokoll bereits an folgenden klassischen Aspekten eines Events mitgewirkt:

Ziel der Veranstaltung, Gästekreis, Location, Logistik, Programm/Redner, Technik/Bühnenbild, Catering, Medienvertreter, Sitzordnung, Ende.

Als erstes am Ziel der Veranstaltung, dann am festzulegenden Gästekreis, wo machen wir das Event, welche Logistikthemen müssen wir berücksichtigen, wie sieht unser Programm mit welchen Rednern aus, welche Technik und welches Set-up wollen wir, wann und wo gibt es zu essen und zu trinken, wie betreuen wir die Medienvertreter, welche Sitzordnung wird es geben und wie bekommen wir einen guten Schluss hin?

5. „Behind the Scenes" – der spezifische Beitrag des Veranstaltungsprotokolls

Jetzt wollen wir mal genauer hinschauen, was speziell das Veranstaltungsprotokoll zum Gesamtkonzept beigetragen hat und wo die Schwerpunkte lagen.

Wie gerade erläutert, waren das allgemeine Ziel der Veranstaltung, der Gästekreis, die Logistik, die Technik und so weiter im Vorfeld abgeklärt und festgelegt worden. Aber auch hier hatte das Veranstaltungsprotokoll bereits kräftig mitgemischt.

Für die Betreuung der Ehrengäste und weiterer besonderer Teilnehmer und für die Gestaltung weiterer Programmpunkte fand unter der Regie des Protokolls sozusagen eine „Parallelorganisation" statt, und zwar „Behind the Scenes", unter Ausschluss der Öffentlichkeit.

Es gab dazu mehrere Vorbegehungen im Vorfeld, teilweise nur mit Beteiligung intern involvierter Personen, teilweise auch mit externen Partnern oder Organisatoren. Besonders wichtig sind dabei die Sicherheitsbegehungen, bei denen im Fall der Anwesenheit eines hochrangigen Politikers ein oder zwei Beamte des Landeskriminalamts (LKA) oder auch des Bundeskriminalamts (BKA) dabei sind. Diese Beamten sind für die Sicherheit ihrer Schutzperson, in unserem Fall war das der Ministerpräsident, verantwortlich. Sie sind innerhalb des LKA dem sogenannten „Kommando Personenschutz" zugeordnet. Zu diesen LKA-Beamten kommt dann noch unsere interne Sicherheit, immer ein Vertreter der Fabrik für spezielle Fragen und das Protokoll. Gemeinsam wird die Örtlichkeit inspiziert, um den Aufenthalt des Ministerpräsidenten bestmöglich zu planen. Wenn Sie hier schon ein gewisses Grundverständnis für die Bedürfnisse Ihres Ehrengastes zeigen, schaffen Sie Vertrauen und beweisen Ihre Professionalität.

Das größte Bedürfnis, welches die LKA-Beamten für den Ministerpräsidenten haben, ist verständlicherweise das nach Sicherheit. Also ist es gut, wenn man sich im Vorfeld einer solchen Begehung selbst schon ein Bild verschafft hat und Vorschläge zu einer sicheren An- und Abreise machen kann.

Das haben wir dann in Zusammenarbeit mit diesen internen und externen Experten gemacht und zunächst einmal einen geeigneten Anfahrpunkt für den Ministerpräsidenten und die weiteren Ehrengäste festgelegt. Dies war von uns intern schon sehr genau durchdacht und vorbereitet worden, so dass bereits bei der ersten Begehung mit der externen Sicherheit unter der Leitung des Protokolls ein solides Grundvertrauen in die Zusammenarbeit entstand.

Daimler – intern wurde der Wunsch geäußert, dem Ministerpräsidenten im Vorfeld der Veranstaltung die neue Fabrik zu zeigen, also vor dem eigentlichen Festakt. Geklärt wurde dies zwischen dem internen Daimler-Protokoll und dem Protokoll des Staatsministeriums sowie der Sicherheit. Auch hier gilt: Je transparenter dargelegt wird, was man sich vom Ministerpräsidenten wünscht, desto eher können das staatliche Protokoll beziehungsweise die Sicherheit diese Wünsche einschätzen und unterstützen. Besonders wenn man sich „Handlungen" wünscht, also wenn zum Beispiel der Ministerpräsident eine Maschine bedienen oder mit Azubis sprechen soll, oder wenn man Fotopunkte plant, muss man das im Vorfeld ganz klar kommunizieren. Bitte keine spontanen Aktionen oder Überraschungsmomente, das irritiert in der Regel mehr, als dass es hilft, und kann einen Schatten auf die Veranstaltung werfen. Im schlechtesten Fall beeinflusst es die weiteren Beziehungen nachhaltig negativ.

So sah dann das protokollarische „Behind the Scenes"-Programm aus, das um den eigentlichen Festakt herum stattfand:

Agenda Einweihung Factory 56, Sindelfingen, 2. September 2020
Hier: mit Ergänzungen des Veranstaltungsprotokolls

10.15 h	Ankunft des MP und seiner Begleitung an einem Seiteneingang. Dort treffen auch die anderen VIP-Gäste und Redner ein.
10.30 h	Zusammenführung der VIP-Gäste mit den Vertretern der Daimler AG an Stehtischen, Möglichkeit zum kurzen Austausch. Dort auch gegebenenfalls Begegnung mit ausgewählten Medienvertretern.
10.45 h	Beginn einer kurzen Tour durch die neue Factory 56 in Golfcarts.
10.55 h	Ende der kurzen Tour an einem definierten Ort in der Factory, wo bereits die Visagistin (soweit gewünscht) und kleine Erfrischungen warten. Kurzer gemeinsamer Fußweg zur Veranstaltungsfläche, Platzeinnahme auf den namentlich reservierten Stühlen der ersten Reihe, letzte Erklärungen zum Ablauf.
11.00 – 11.45 h	**Eröffnungsfeier Factory 56**
Danach	Pressestatements von MP Kretschmann und ein Video-Statement für den anstehenden baden-württembergischen Automobilgipfel.
Danach	Mittagessen im kleinen Kreis mit dem MP und dem Vorsitzenden des Vorstands.

Der Ministerpräsident und seine Sicherheitsbegleiter kamen zum Auftakt des Besuches an einem unauffälligen Seiteneingang mit direktem Zugang zur Fabrikhalle an und wurden dort vom Protokoll und dem Vorstandsvorsitzenden in Empfang genommen.

Abbildung 6: Ankunft des Ministerpräsidenten am Seiteneingang

Damit wir ihm und den anderen Ehrengästen, die auch dort ankamen, vor Veranstaltungsbeginn möglichst viel von der Fabrik zeigen konnten, haben wir uns zur Nutzung von Golfwagen entschieden.

Nach dem Ende der Rundfahrt durch das Werk brachten wir die Gruppe in einen Bereich, in dem das Anbringen von Funkmikrofonen für die Redner stattfand und sie parallel dazu in die Maske gebracht wurden, soweit sie das wünschten. Aber nicht jeder mag das, bitte auch unbedingt im Vorfeld klären und nicht mit der Tür ins Haus fallen!

Abbildung 7: Rückweg zur Veranstaltung

Abbildung 8: Sitzordnung erste Reihe

Die Vertreter der Politik, also der Ministerpräsident und der Staatssekretär, wurden nicht verkabelt. Die Gründe werden weiter unten dargelegt. Im Veranstaltungsbereich wurde dann gemäß der protokollarisch festgelegten Sitzordnung Platz genommen.

6. Die Redner

Wir wollen uns noch etwas genauer mit den Rednern beschäftigen. Deren Betreuung gehört ebenfalls zum Aufgabenspektrum des Veranstaltungsprotokolls. Es reicht nicht, auf eine gute Grundausstattung an Technik und so weiter zu vertrauen und die Details vor Ort zu lösen. Vielmehr ist der persönliche Kontakt zu den Büros der Redner, noch besser natürlich zum Redner selbst, unverzichtbar. Man wundert sich, mit wie vielen „Last-Minute-Changes" man trotz guter Vorbereitung noch zu tun hat, und je näher man am Redner im Vorfeld ist, desto höher die Wahrscheinlichkeit, dass man eine Vorwarnung erhält!

Im Folgenden erfahren Sie mehr zur Positionierung der einzelnen Redner. Externe Redner, besonders aus den Reihen der Politik, haben in der Regel keine Präsentation zu ihrer Rede, sondern nur Text, den sie auch nicht zum Beispiel vom Teleprompter ablesen, sondern in der Regel mitbringen, beziehungsweise ihr Assistent tut das, und sie legen ihn immer noch am liebsten als Manuskript auf ein Rednerpult. Das heißt, dass die Auflagefläche des Pultes breit genug sein muss für zwei DIN A4-Blätter und mit einer Rutschkante zu versehen ist, damit die Blätter nicht herunterfallen. Solche Kleinigkeiten machen den Unterschied! Extrem wichtig ist auch die vorherige Abstimmung über die Höhe des Pultes! Es gibt Redner, die nicht damit klarkommen, wenn das Pult zu hoch oder zu niedrig ist.

Bei unserer Veranstaltung haben wir – in Absprache mit dem Protokoll des Staatsministeriums – für den Ministerpräsidenten und auch den Staatssekretär ein Pult mit integrierter Mikrofonierung zum entsprechenden Zeitpunkt unauffällig auf die Bühne stellen lassen. Man sieht den Unterschied zur „freien Rede" des Vorstandsvorsitzenden, der sich vor seiner Präsentation frei bewegt und seinen Redetext per Teleprompter eingespielt bekommt.[7]

Abbildung 9: Rednersituation
Ministerpräsident

Abbildung 10: Rednersituation
Vorstandsvorsitzender

7. Das Ende der Veranstaltung

Das gute Ende einer Veranstaltung ist auch „Behind the Scenes" ein wichtiger Erfolgsfaktor. In unserem Fall gab es nach dem offiziellen Ende des Events noch diverse Pressetermine und dann noch ein „privates" abschließendes Mittagessen, das ausschließlich vom Protokoll organisiert und begleitet wurde.

---

[7] Die meisten politischen Redner geben ihren Redetext nicht im Vorfeld heraus und hätten auch in der Regel keine Zeit, die Rede mit dem Teleprompter vorher zu testen.

Wie man anhand des obigen, erweiterten Programms unschwer erkennen kann, gab es eine ganze Reihe von Aktivitäten, die sich dem „normalen" Publikum gar nicht erschlossen haben. Die Schnittmenge war die gemeinsame Einweihung der „Factory 56", tatsächlich aber passierte, vorbereitet und durchgeführt durch das Veranstaltungsprotokoll, deutlich mehr.

X. Beitrag des Veranstaltungsprotokolls in Summe

Lassen Sie uns also kurz zusammenfassen, was das Veranstaltungsprotokoll als Ergänzung des klassischen Eventmanagements zum Gelingen dieses Events beigetragen hat.

Das Veranstaltungsprotokoll hat die Ehrengäste und die Redner mit einer besonderen Logistik betreut, es hat um das eigentliche Event herum ein spezielles Angebot für die Ehrengäste kreiert. Rückzugsräume und Vorbereitungsräume wurden bedacht und ausgewählt. Die Sitzordnung und die Rednerreihenfolge wurden bestimmt, besondere Bedürfnisse der Redner wie Pult und Mikrofonierung wurden berücksichtigt und das Catering wurde um eine weitere Komponente, das Mittagessen, erweitert.

Das sind – in wenigen Worten – der zusätzliche Beitrag und der Mehrwert des Veranstaltungsprotokolls. Doch was sich so einfach schreibt und liest, ist in Wirklichkeit das Produkt einer intensiven Auseinandersetzung mit den Zielen der Veranstaltung, mit der Rolle des gastgebenden Vorstandsvorsitzenden und mit den Bedürfnissen der Ehrengäste.

Das Veranstaltungsprotokoll bewirkt nichts weniger als die Befreiung der wichtigsten handelnden Personen von jeglichem organisatorischen Ballast und von jeglicher Unsicherheit. Mit geradezu traumwandlerischer Sicherheit bewegt sich der Gastgeber durch sein Event, bestens gebrieft von seinem Protokoller, und er weiß, dass in einer Krisensituation genau diese Person das Heft in die Hand nehmen wird.

Im Vorfeld der Veranstaltung ist der Protokoller der externe „Klebstoff" zwischen allen Gewerken und in dieser Rolle sehr nah am Eventmanager[8] dran. Aber er ist auch gleichzeitig der „interne Klebstoff", der zwischen den beteiligten Parteien und Abteilungen vermittelt, Interessen ausgleicht und Erwartungshaltungen managt.

Dass er darüber hinaus durch seine Kompetenz und Protokollkenntnisse seinem internen Umfeld Sicherheit und Souveränität im Auftritt vermittelt, ist ein gern gesehener Zusatzeffekt. Doch diese Sachkenntnis macht ihn auch extern zum anerkannten Gesprächspartner, dem ein „gestandener" staatlicher Protokoller dann gern auf Augenhöhe begegnet.

Kommt es zum „Show Day", schlägt die wahre Stunde des Veranstaltungsprotokollers. Wie in unserem Beispiel beschrieben, ist er permanent an den Ehrengästen

---

[8] Die Analyse der Schnittmenge, Abgrenzung und Ergänzung zwischen Eventmanagement und Veranstaltungsprotokoll würde den Rahmen dieses Beitrags sprengen.

dran. Von der ersten Sekunde an sorgt er für deren Wohlbefinden, indem er sie aufmerksam empfängt, ihnen das Gefühl des Willkommenseins vermittelt und sie professionell und effizient weiter durch die Veranstaltung führt. Er denkt immer einen Schritt voraus und ist die Person des Vertrauens, wenn dann doch mal jemand den Faden verliert oder etwas schiefgeht. Als Regisseur des Ablaufs hat er alles unter Kontrolle. Und doch – je reibungsloser alles abläuft, desto mehr gilt die alte Protokollerweisheit aus dem staatlichen Protokoll:

> „Protokoll ist, wenn alles funktioniert und keiner weiß, warum."[9]

Also braucht man ein dickes Fell, gute Nerven, gepaart mit Humor, und es gilt, stets die Contenance zu wahren. „Situatives Krisenmanagement" ist das tägliche Brot, und wenn es dann noch gelingt, dies mit „Sprezzatura"[10] zu bewältigen, ist es geschafft! Sieht man die glücklichen Gesichter der Gäste und der Chefs, war der enorme Aufwand mehr als gerechtfertigt. Und all das in Summe macht das Veranstaltungsprotokoll zu einem wichtigen Erfolgsfaktor bei jeder Art von Veranstaltung.

Verwendete und weiterführende Literatur

Asserate, Asfa-Wossen (2003): Manieren, Frankfurt/M.

Brissa, Enrico (2018): Auf dem Parkett. Kleines Handbuch des weltläufigen Benehmens, München.

French, Mary Mel (2010): United States Protocol: The Guide to Official Diplomatic Etiquette, Lanham.

Hartmann, Jürgen (2007): Staatszeremoniell, 4. Aufl., Köln, u. a.

https://de.wikipedia.org/wiki/Protokollarische_Rangordnung.

https://www.protokoll-inland.de/Webs/PI/DE/startseite/start.html.

Jelinski, Olaf (2017): Diplomatisches Protokoll versus Corporate Protocol, Frankfurt/M.

Lohrisch, Knut/*Luppold*, Stefan (2021): Event-Protokoll – Essentials, Wiesbaden.

Marshall, Capricia Penavic (2020): Protocol. The Power of Diplomacy, New York.

Schäfer-Elmayer, Thomas (2020): Der grosse Elmayer, 3. Auflage, Salzburg.

Winter-Uedelhoven, Edith (1991): Zur Bedeutung der Etikette, Frankfurt/M.

Wohlan, Martina (2014): Das diplomatische Protokoll im Wandel, Tübingen.

---

[9] Anonym.

[10] „Sprezzatura" (italienisch) bedeutet, eine tatsächlich schwierige Aufgabe scheinbar spielerisch einfach und mit Leichtigkeit und Eleganz zu erledigen.

Interaktion

Von *Carmen Goette*

I. Einleitung

1. Interaktion als Erfolgsfaktor

Ein erfolgreiches Event ist mehr als nur ein Event. Es ist ein Erlebnis, das inspiriert und einen bleibenden Eindruck bei seinen Teilnehmern hinterlässt. Es geht darum, ein unvergessliches Erlebnis zu schaffen, das dem Zweck der Veranstaltung dient und gleichzeitig einen positiven Einfluss auf die Teilnehmer hat. Aber wie organisiert man eine solche Veranstaltung? Welche Faktoren sind entscheidend für den Erfolg?

Eine der Schlüsselkomponenten einer erfolgreichen Veranstaltung ist die Interaktion zwischen den Teilnehmern sowie die Interaktion zwischen den Teilnehmern und dem Veranstalter. Interaktion schafft ein positives Umfeld, in dem sich die Teilnehmer vermischen und neue Verbindungen knüpfen können. Gezielte Interaktionsmöglichkeiten können das Engagement und die Zufriedenheit der Teilnehmer steigern. So können Veranstalter den Erfolg ihrer Veranstaltung sicherstellen.[1] Die Bedeutung der Interaktion bei einer Veranstaltung ist jedoch nicht auf die Teilnehmer beschränkt, sie spielt auch für Veranstalter eine wichtige Rolle. Durch Interaktion kann Feedback von Teilnehmern gesammelt werden, was zur Verfeinerung zukünftiger Veranstaltungskonzepte dient. Gleichzeitig ermöglicht es den Organisatoren, ein positives Image zu vermitteln und langfristige Beziehungen zu den Teilnehmern aufzubauen.[2]

In diesem Beitrag wird der Einfluss von Interaktionen auf den Veranstaltungserfolg unter Berücksichtigung von Relevanz, Ausprägung und Inszenierungspotenzial untersucht. Es wird dabei insbesondere betrachtet, wie gezielte Interaktionsmöglichkeiten die Zufriedenheit sowohl der Teilnehmer als auch des Veranstalters erhöhen können.

---

[1] Vgl. Knoll, 2016, S. 6.
[2] Vgl. Gawenda, 2019, o. S.

2. Aufbau und Zielsetzung

Nach einer kurzen Einführung in das Thema soll im Anschluss der Begriff „Interaktion" genauer definiert werden, um ein grundlegendes Verständnis zu schaffen. Der Abschnitt „Relevanz" widmet sich der Relevanz der Interaktion in verschiedenen Kontexten. Es wird erläutert, warum die Interaktion eine wichtige Rolle für den Erfolg von Veranstaltungen, wie beispielsweise Konferenzen oder Seminare, spielt. Im Abschnitt „Ausprägung" wird die Ausprägung der Interaktion näher betrachtet. Es werden verschiedene Formen der Interaktion untersucht und deren Einsatzmöglichkeiten in unterschiedlichen Veranstaltungsformaten analysiert. Dabei wird sowohl auf die Interaktion bei Präsenzveranstaltungen als auch auf die Möglichkeiten bei virtuellen Veranstaltungen eingegangen. Der fünfte Abschnitt beschäftigt sich mit dem Inszenierungspotenzial der Interaktion. Es wird untersucht, wie durch gezielte Gestaltung und Inszenierung interaktiver Elemente eine positive Wirkung erzielt werden kann. Dabei werden Aspekte wie Raumgestaltung, technische Hilfsmittel und Methoden zur Förderung der Interaktion betrachtet. Anschließend wird ein konkretes Beispiel für die Interaktion innerhalb eines Events der Bayern Innovativ GmbH vorgestellt. Es wird untersucht, wie die Interaktion in diesem spezifischen Kontext umgesetzt wird und welche Effekte sie auf die Veranstaltungsteilnehmer hat. Im letzten Abschnitt werden die Ergebnisse zusammengefasst und wird ein Fazit gezogen. Es wird auf die Bedeutung der Interaktion als Erfolgsfaktor hingewiesen und ein Ausblick auf zukünftige Entwicklungen und Trends gegeben.

Zusammengefasst werden im Rahmen dieses Beitrags folgende Forschungsfragen behandelt:

– Wie wird Interaktion als Erfolgsfaktor definiert und welche Rolle spielt sie für Events?

– Welche Gestaltungsmöglichkeiten der Interaktion ergeben sich für Events?

– Wie kann ein möglichst hohes Inszenierungspotenzial der Interaktion erzielt werden?

II. Definition der Interaktion

Der Begriff Interaktion stammt aus dem Lateinischen und setzt sich aus den Wörtern „inter" und „actio" zusammen. Hierbei steht das „actio" für die aktive Handlung und das „inter" (zwischen) für die Richtung dieser Handlung. Dabei dient die Interaktion nicht als Lückenfüller zwischen Vorträgen. Sie umfasst vielmehr die „aktive Handlung des Austausches von Informationen zwischen Sender und Empfänger und stellt so die Basis jeder Kommunikation und insbesondere jeder Wissensvermittlung dar."[3]

---

[3] Gawenda, 2019, o. S.

Ähnlich wird der Begriff in der Soziologie und Psychologie als eine „wechselseitige Beziehung, die sich über unmittelbare oder mittelbare Kontakte zwischen zwei oder mehreren Personen ergibt, das heißt die Summe dessen, was zwischen Personen in Aktion und Reaktion geschieht", beschrieben.[4] Diese Reaktionssequenzen bedeuten also, dass die Aktivität einer Person die Aktivität einer anderen Person auslöst und dass die Interaktion auf verschiedenen Ebenen stattfinden kann, wie zum Beispiel auf der verbalen oder nonverbalen Ebene.

Gemäß der Definition impliziert Interaktion also nicht nur eine einfache Zusammenarbeit von Einzelpersonen oder Gruppen, sondern einen Prozess der gegenseitigen Beeinflussung, bei dem jede Handlung und jede Aussage auf die Reaktionen und Erwartungen der anderen Teilnehmer ausgerichtet sind. Interaktionen finden in verschiedenen sozialen Umgebungen statt, beispielsweise zu Hause, in der Schule, bei der Arbeit oder im Rahmen von Events. Abgeleitet kann Interaktion in der Veranstaltungsbranche als Kommunikation zwischen Veranstaltungsteilnehmern verstanden werden, die dazu beiträgt, gemeinsame Erlebnisse zu schaffen und Beziehungen aufzubauen. Hierbei können die Interaktionen zwischen Einzelpersonen oder Gruppen stattfinden und unterschiedliche Formen annehmen, wie zum Beispiel Gespräche, Spiele, Aktivitäten, Diskussionen oder gemeinsames Essen und Trinken.[5]

Interaktionen können unterschiedliche Funktionen erfüllen, wie beispielsweise die Vermittlung von Wissen und Fähigkeiten, die Erfüllung sozialer Bedürfnisse oder die Aufrechterhaltung von Beziehungen. Im Hinblick auf Events kann die Interaktion zum Beispiel der Förderung des gegenseitigen Verständnisses, der Weitergabe von Informationen und Wissen oder der Unterhaltung und dem Erleben von Emotionen dienen. Die Teilnehmer können auch ihre sozialen Fähigkeiten und ihr Selbstvertrauen verbessern und durch ihre Interaktionen auf der Veranstaltung neue Perspektiven kennenlernen. Insgesamt trägt Interaktion wesentlich zum Aufbau und zur Pflege sozialer Beziehungen bei.[6]

Oft wird anstelle der Interaktion der Begriff der Partizipation verwendet. Der wesentliche Unterschied, der sich bei der Verwendung des Begriffes Partizipation ergibt, ist die zusätzliche aktive Teilnahme an Entscheidungen. Partizipation beinhaltet sowohl Beteiligung als auch Teilhabe an Entscheidungsprozessen. Sie umfasst die aktive Teilnahme, die freiwilliges und eigeninitiiertes Einbringen erfordert.[7] Der Begriff Partizipation wird mit „Beteiligung", „Teilhabe", „Mitwirkung" und „Einbeziehung" gleichgesetzt. Partizipation kann garantiert werden, jedoch nicht erzwungen oder abgegeben werden und erfolgt stets auf freiwilliger Basis.[8]

---

[4] Gabler Wirtschaftslexikon, o. J., o. S.

[5] Vgl. Knoll, 2018, S. 20 f.

[6] Vgl. Schmitt, in: Frank/Himmel/Luppold, 2021, S. 312.

[7] Vgl. Werner, 2021, S. 742 f.

[8] Vgl. Watkins/Wezel, 2023, S. 36.

III. Relevanz

„Sag es mir, und ich vergesse es. Zeige es mir, und ich erinnere mich. Lass es mich tun, und ich behalte es." (Konfuzius, 551 – 479 vor Christus)[9]

Der chinesische Philosoph Konfuzius hat sich bereits 500 vor Christus Gedanken über die Art und Weise gemacht, wie Menschen lernen und ihre Sinne beanspruchen. Er erkannte, dass der Mensch Inhalte besser verinnerlicht, wenn er sie selbst macht. Das Lernen ist durch das aktive Einbeziehen von Menschen in den Lernprozess effektiver als das passive Zuhören oder Betrachten. Auch heute nach circa 2.500 Jahren ist das immer noch der Fall. Im Hinblick auf die Veranstaltungsbranche ist dieses Zitat sogar aktueller denn je. Weder der Frontalvortrag noch das Erklären und Aufzeigen von Inhalten werden langfristig im Gedächtnis gespeichert. Sobald man Teilnehmer also aktiviert und interagieren lässt, werden die Inhalte der Veranstaltung im Gedächtnis verinnerlicht. Dieser Aspekt spielt vor allem bei Veranstaltungen, die das Ziel einer Wissensvermittlung verfolgen, eine große Rolle.

Veranstaltungen von heute werden oft konzipiert, um Menschen zusammenzubringen und den Austausch von Informationen und Erfahrungen zu fördern. Aus diesem Grund ist Interaktion essenziell. Der Einsatz interaktiver Elemente sowie die Art und Weise, wie Teilnehmer miteinander interagieren, kann die Qualität des Veranstaltungserlebnisses signifikant beeinflussen. Im Wesentlichen tragen interaktive Elemente dazu bei, das Veranstaltungserlebnis zu verbessern und so auch die Zufriedenheit der Teilnehmer zu erhöhen.[10]

Aufgrund der genannten Aspekte sollten Veranstalter gezielt Interaktionsmöglichkeiten in ihr Eventkonzept einbinden und dabei beachten, dass die Interaktionsmöglichkeiten stets optional und nicht verpflichtend sind. Die Teilnehmer sollten frei entscheiden können, ob und mit welchen Interaktionselementen sie arbeiten möchten.

IV. Ausprägung

1. Unterschiedliche Formen der Interaktion

Die Interaktion auf Events kann in verschiedenen Ausprägungen auftreten, je nach Art des Events, der Zielgruppe und der verfügbaren Ressourcen. Im Folgenden wird aufgeführt, welche unterschiedlichen Ausprägungen der Interaktion auf Events möglich sind und wie diese eingesetzt werden können.

Vor allem bei persönlichen Veranstaltungen wie beispielsweise Konferenzen, Messen oder Networking-Events steht die soziale Interaktion zwischen den Teilneh-

---

[9] Poeteus.de, o. J., o. S.
[10] Vgl. German Convention Bureau, 2019, o. S.

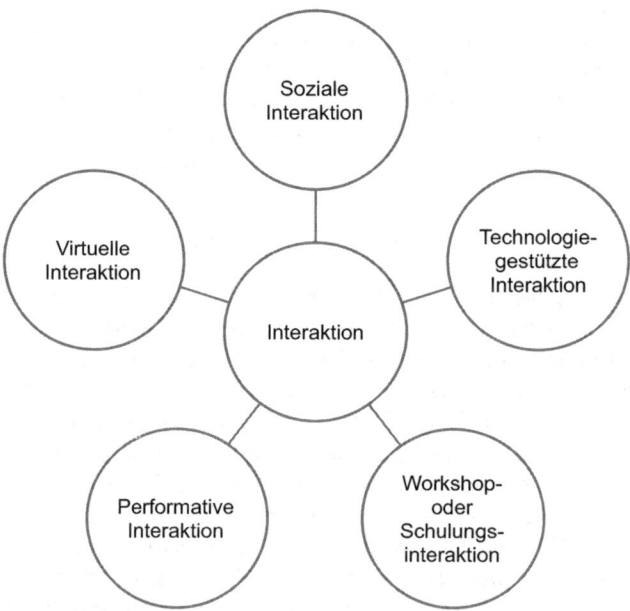

Abbildung: Formen der Interaktion im Veranstaltungskontext.
Quelle: Eigene Darstellung.

mern im Vordergrund.[11] Hierbei liegt der Fokus auf dem Aufbau persönlicher Beziehungen, der Netzwerkerweiterung und der Generierung neuer wertiger Kontakte. Um dies zu ermöglichen, gilt es, die Teilnehmer zum Austausch zu animieren, damit sie von vielfältigen Erfahrungen und Perspektiven anderer profitieren können. Im Rahmen der sozialen Interaktion bieten sich beispielsweise informelle Gespräche, Diskussionsrunden, Panels oder Meet & Match Sessions an. Mithilfe dieser Formate wird den Teilnehmern ermöglicht, sich gegenseitig kennenzulernen.[12]

In der heutigen digitalen Welt nutzen viele Veranstalter technologiegestützte Interaktionsmöglichkeiten. Dies sind etwa mobile Applikationen, die Teilnehmer vernetzen und veranstaltungsbezogene Informationen bereitstellen. Zudem können Live-Abstimmungen während Vorträgen oder Diskussionen verwendet werden, um den Teilnehmern eine aktive Stimme zu verleihen. Social-Media-Plattformen sorgen für mehr Diskussionen und Feedback und durch die Einbindung von Virtual-Reality- oder Augmented-Reality-Erlebnissen werden innovative und visuell stark ausgeprägte Interaktionsmöglichkeiten geboten.[13]

---

[11] Vgl. Zanger, 2021, S. 6.
[12] Vgl. Knoll, 2018, S. 20 f.
[13] Vgl. Knoll, 2017, S. 6, S. 126.

Bei Events, die auf Workshops, Schulungen oder Fortbildungen ausgerichtet sind, steht die aktive Teilnahme der Besucher im Vordergrund. Teilnehmer können praktische Übungen durchführen, in Gruppen arbeiten, Fallstudien analysieren oder an interaktiven Präsentationen teilnehmen. Ziel bei dieser Form der Interaktion ist es, die Lernkurve zu steigern und den Wissenstransfer zu fördern.[14]

Bei Events wie Theateraufführungen, Konzerte oder Live-Shows steht die performative Interaktion zwischen den Darstellern und dem Publikum im Mittelpunkt. Hier wird das Mitsingen, das Tanzen, das Klatschen oder andere Formen der aktiven Teilnahme seitens des Publikums gefördert. Diese Art der Interaktion schafft eine energiegeladene Atmosphäre und stärkt die Bindung zwischen Darstellern und Publikum.[15]

Mit der Zunahme von virtuellen und hybriden Veranstaltungen hat sich auch die virtuelle Interaktion (weiter-)entwickelt. Teilnehmer können sich über Video- oder Audio-Streaming-Plattformen zuschalten, um Vorträge, Diskussionen oder Präsentationen zu verfolgen und über Chat-Funktionen Fragen zu stellen. Virtuelle Interaktion ermöglicht Menschen aus unterschiedlichen Teilen der Welt die Teilnahme an einem Event, ohne physisch anwesend zu sein.[16]

2. Interaktive Elemente auf Präsenzveranstaltungen, dargestellt am Beispiel der Bayern Innovativ GmbH

Die Bayern Innovativ GmbH ist eine Gesellschaft, die sich auf die Förderung von Innovation und Technologietransfer in Bayern spezialisiert hat. Sie unterstützt Unternehmen dabei, neue Technologien zu entwickeln und auf den Markt zu bringen. Im Zuge dessen organisiert die Bayern Innovativ GmbH verschiedene Veranstaltungen, um den Austausch und die Vernetzung von Unternehmen, Forschungseinrichtungen und anderen Akteuren der Innovationslandschaft zu fördern. Dazu gehören beispielsweise Fachkonferenzen, Kongresse, Workshops und Seminare. Die Events bieten eine Plattform für den Wissenstransfer, die Präsentation neuer Ideen und Lösungen sowie die Diskussion aktueller Trends und Herausforderungen.[17]

Die Bayern Innovativ GmbH legt großen Wert auf den aktiven Austausch und die Vernetzung der Teilnehmer untereinander. Aus diesem Grund werden bei den Veranstaltungen verschiedene interaktive Elemente eingesetzt, um den Dialog und die Zusammenarbeit zu fördern. Je nach Art der Veranstaltung werden Diskussionsrunden, Q & A-Sessions, Podiumsdiskussionen, Workshops, Präsentationen und Networking-Möglichkeiten integriert. Diese interaktiven Formate ermöglichen den Teilneh-

---

[14] Vgl. Knoll, 2018, S. 36.

[15] Vgl. Fischer-Lichte, 2021, S. 25.

[16] Vgl. Burger/Mildenberger, 2017, S. 142.

[17] Die Angaben sind sinngemäß dem Lagebericht 2022 der Bayern Innovativ GmbH entnommen.

mern, sich persönlich einzubringen, Fragen zu stellen, Meinungen auszutauschen, Erfahrungen zu teilen und neue Kontakte zu knüpfen.[18]

Ein Beispiel einer Veranstaltung mit einem sehr hohen Interaktionsgrad ist die „TRANSFERleben – Impulse, Lösungen, Netzwerken", welche im Juli 2023 stattfand und darauf ausgerichtet war, den Austausch und die Vernetzung von Unternehmen, Forschungseinrichtungen und anderen Akteuren im Bereich Technologietransfer zu fördern.[19] Wirft man einen Blick in das Veranstaltungsprogramm, fallen Diskussionsrunden mit Expertinnen und Experten, ein gemeinsames Mittagessen nach dem Motto #neverlunchalone, interaktive Sessions sowie ein abschließendes sommerliches Networking auf.

Innerhalb der interaktiven Sessions hatten die Teilnehmer die Möglichkeit, ihre eigenen Ideen einzubringen und mit anderen Teilnehmern zu diskutieren. Hierbei ging es darum, konkrete Ergebnisse zu erarbeiten und kreative Lösungen für Herausforderungen im Zusammenhang mit Künstlicher Intelligenz zu finden. Insgesamt wurden den Teilnehmern drei parallellaufende Sessions angeboten, die sich wiederum unterschiedlicher interaktiver Elemente bedienten. Zum einen zeigte ein Experte aus dem Bereich „Technology Consulting", wie Chat GPT für diverse Anwendungsfälle genutzt werden kann. Dies wurde den Teilnehmern innerhalb eines Live-Experiments nähergebracht. So wurde ihnen ermöglicht, aktiv am Experiment teilzunehmen, die Ergebnisse direkt zu erleben und sich in den Prozess einzubringen. Des Weiteren bediente sich ein Experte, der als „Agile Coach" tätig ist, einer interaktiven Übung. Die Teilnehmer dieser Session konnten das Gelernte in die Praxis umzusetzen, ihr Wissen anwenden, Fähigkeiten entwickeln und Lösungsansätze erproben. In der dritten Session wurde von einer „Business Developerin" eine Live-Debatte zu dem Thema „Mensch oder Maschine" durchgeführt; dies förderte einen konstruktiven Dialog und bot die Möglichkeit, unterschiedliche Perspektiven einzufangen.[20]

Insgesamt zeichnete sich die Veranstaltung also durch eine Kombination aus Wissensvermittlung, interaktiven Diskussionen und Networking-Möglichkeiten aus, um den Teilnehmern ein umfassendes und interaktives Erlebnis zu bieten.

3. Interaktive Elemente auf virtuellen Veranstaltungen

Aufgrund der steigenden Anzahl virtueller Veranstaltungen im Zuge der Corona-Pandemie soll auf die interaktiven Elemente im digitalen Raum kurz eingegangen werden. Die beschriebenen Interaktionsmöglichkeiten beziehen sich nicht ausschließlich auf virtuelle Events, sie können auch im Rahmen von Hybrid- oder sogar Präsenzveranstaltungen eingesetzt werden.

---

[18] Vgl. Bayern Innovativ, 2023a, o. S.

[19] Vgl. Bayern Innovativ, 2023b, o. S.

[20] Vgl. Bayern Innovativ, 2023c, o. S.

Eine erste Methode, Interaktion auf virtuellen Veranstaltungen zu fördern, bietet der Live-Chat. Dieser ermöglicht es den Teilnehmern, in Echtzeit Fragen zu stellen, Kommentare, Lob oder Kritik abzugeben und sich aktiv an der Veranstaltung zu beteiligen.[21] Hierbei wird insbesondere der Austausch von Wissen gefördert und ein besseres Verständnis der behandelten Themen erzeugt. Dadurch entsteht eine direkte Interaktion zwischen den Teilnehmern und den Referenten, Moderatoren oder anderen Teilnehmern.[22]

Auf vielen Konferenzplattformen können Reaktionen etwa in Form von Smileys während des Livestreams versendet werden. „Smileys sind farbige Piktogramme oder animierte Symbole, die ein Gefühl oder eine Emotion repräsentieren."[23] Durch den Einsatz von Smileys können die Teilnehmer auf eine unkomplizierte und zeitsparende Weise ihre Meinung, Zustimmung, Begeisterung oder andere Emotionen ausdrücken, ohne einen ausführlichen Text verfassen zu müssen. Zusätzlich bieten Smileys den Teilnehmern die Möglichkeit, anonym zu bleiben und ihre Meinungen ohne persönliches Unbehagen oder Preisgabe der eigenen Identität zu teilen. Auch der Veranstalter kann von den Reaktionen der Teilnehmer profitieren, indem er die Smileys analysiert und somit ein direktes Feedback zum Event erhält. Auf diesem Wege kann untersucht werden, wie die Teilnehmer auf bestimmte Inhalte oder Vorträge reagieren. [24]

Ein weiteres interaktives Element ist das Whiteboard, welches als digitale Pinnwand definiert wird und „mehreren Teilnehmern das synchrone Bearbeiten einer frei gestaltbaren Oberfläche"[25] ermöglicht. Mithilfe des Whiteboards können gemeinsame Ideen, Konzepte oder Lösungen entwickelt werden. Diese Arbeitsweise dient zudem der Visualisierung komplexer Informationen, Konzepte oder Daten und somit einer Veranschaulichung der Inhalte sowie einem erleichterten Verständnis. Benutzer haben die Möglichkeit, aktiv am Lernprozess teilzunehmen und gemeinsam Lösungen zu erarbeiten. Dies kann zu einer effektiveren und nachhaltigeren Lernerfahrung führen.[26]

Eine weitere Maßnahme zur Förderung der Interaktion im virtuellen Raum sind Breakout-Sessions beziehungsweise Arbeitsräume, in denen Teilnehmer in kleineren Gruppen zusammenarbeiten. Im Vergleich zu großen Veranstaltungen bieten die Breakout-Sessions eine intimere Umgebung, in der Teilnehmer offener ihre Meinungen austauschen und tiefer in bestimmte Themen eintauchen können. Außerdem wird durch die Aufteilung in kleine Gruppen die Möglichkeit eröffnet, Teilnehmer mit unterschiedlichem Hintergrund, unterschiedlichen Erfahrungen oder Meinungen

---

[21] Vgl. Bodenstein-Dresler/Hey, 2021, S. 20.

[22] Vgl. Prahl, 2020, o. S.

[23] Vgl. Lohmann/Zanger, in: Zanger, 2020, S. 70.

[24] Vgl. Lohmann/Zanger, in: Zanger, 2020, S. 71.

[25] Vgl. Bodenstein-Dresler/Hey, 2021, S. 22.

[26] Vgl. Taepke, 2021, o. S.

zusammenzubringen. So kann – falls gewünscht – eine vielfältigere Diskussion gefördert werden.[27]

Mit Online-Umfrage-Tools wie etwa „Mentimeter" schaffen Veranstalter die Möglichkeit, bereits während der Veranstaltung sofortiges Feedback von den Teilnehmern einzuholen oder Entscheidungen demokratisch zu treffen. Diese Tools eignen sich insbesondere bei Veranstaltungen mit erhöhten Teilnehmerzahlen, um möglichst schnell Meinungen einzuholen oder Wissen abzufragen. Durch die Einbindung von Echtzeit-Umfragen werden die Teilnehmer motiviert, sich einzubringen und das Gefühl zu haben, dass ihre Stimme gehört wird. Auch für Referenten oder Moderatoren erweist sich dieses interaktive Element als sinnvoll, um herauszufinden, wie aktiv die Zuhörer sind oder ob die Aufmerksamkeit stärker gefördert werden soll.[28]

4. Interaktive Elemente auf hybriden Veranstaltungen

Hybride Veranstaltungen kombinieren die Elemente von Präsenzveranstaltungen und virtuellen Veranstaltungen, indem sie sowohl ein physisches Publikum vor Ort als auch eine Online-Teilnahme ermöglichen. Infolgedessen können interaktive Elemente für das Präsenzpublikum (vergleiche Abschnitt „Interaktive Elemente auf Präsenzveranstaltungen") und gleichzeitig auch für das virtuelle Publikum (vergleiche Abschnitt „Interaktive Elemente auf virtuellen Veranstaltungen") eingesetzt werden. Diese Elemente lassen sich verschieden gestalten, um den unterschiedlichen Anforderungen und Möglichkeiten der beiden Teilnehmergruppen gerecht zu werden.[29]

Die Herausforderung bei hybriden Veranstaltungen besteht darin sicherzustellen, dass beide Teilnehmergruppen, sowohl das Präsenzpublikum als auch das virtuelle Publikum, in gleicher Weise interaktiv einbezogen werden. Die Veranstalter müssen möglicherweise verschiedene Plattformen nutzen, um sicherzustellen, dass sowohl das Präsenzpublikum als auch das virtuelle Publikum gleichermaßen die Möglichkeit hat, sich zu beteiligen und aktiv zu interagieren. Die vermeintlich größte Hürde stellt die technische Infrastruktur für die erfolgreiche Umsetzung von interaktiven Elementen auf Hybridveranstaltungen dar. Moderatoren können gestresst sein und Teilnehmer ungeduldig, wenn es zu technischen Problemen wie Unterbrechungen des Audiosignals, Ausfall der Kameras oder Netzwerkunterbrechungen kommt. Die Sicherstellung eines reibungslosen Ablaufs ist eine der obersten Prioritäten der Vorbereitung, was sich durch die Allokation von Zeit, Budget und Kompetenz ausdrückt. Je nach Veranstaltungsformat und dem gewünschten Interaktionsgrad sind unterschiedliche technische Hilfsmittel erforderlich. Vorab ist es wichtig zu klären, ob beispielsweise eine Kollaboration mit Ergebnisgenerierung, eine Informations-

---

[27] Vgl. Kober, 2020, S. 31.

[28] Vgl. Bodenstein-Dresler/Hey, 2021, S. 24.

[29] Vgl. Schmitt, 2023, S. 14.

vermittlung mit nachfolgender Diskussion oder eine gemeinsame Entscheidungsfindung angestrebt wird.[30]

V. Inszenierungspotenzial

Eine kreative und passgenaue Inszenierung bildet die Grundlage für Interaktionsmöglichkeiten. Durch den Einsatz von innovativen Inszenierungstechniken können Emotionen geweckt, kann Spannung erzeugt und die Aufmerksamkeit der Teilnehmer gefesselt werden, um so den Interaktionsgrad der Veranstaltung zu verstärken.[31]

Bevor die Interaktion inszeniert werden kann, muss sich der Veranstalter über die eigenen Kommunikationsziele im Klaren sein. „Denn erst wenn ich weiß, was ich ausdrücken will, was mein Kommunikationsziel ist, kann ich eine kreative Übersetzung dafür finden."[32] Das Zitat besagt, dass es wichtig ist, vor der Nutzung interaktiver Elemente zu verstehen, was der Veranstalter ausdrücken möchte und welches Kommunikationsziel er verfolgt. Erst wenn der Zweck und die Botschaft klar definiert sind, kann eine kreative Umsetzung gefunden werden.

Um die Interaktionsmöglichkeiten möglichst effizient zu nutzen, sollte der Veranstalter die Relevanz von Pausen während interaktiver Veranstaltungen verstehen. Sie bieten den Teilnehmern die Möglichkeit, sich auszuruhen, sich zu erfrischen und das Gelernte oder Diskutierte zu verarbeiten. Pausen sind entscheidend, um die Aufmerksamkeit aufrechtzuerhalten, Ermüdung vorzubeugen und die Effektivität der Veranstaltung zu steigern.[33] Neue interaktive Tagungsformate wie beispielsweise World Café oder Open Space berücksichtigen, dass die vortragsfreie Zeit eine zentrale Bedeutung für den Erfolg einer interaktiven Veranstaltung hat. Anstatt die Pausen als bloße Unterbrechungen oder Gelegenheiten zum Small Talk zu betrachten, werden sie nun sogar zu den produktivsten Phasen der Veranstaltung erklärt. Diese Formate nutzen die Erkenntnis, dass die Teilnehmer während der Pausen oft die besten Gelegenheiten haben, um Ideen auszutauschen, sich zu vernetzen und neue Kontakte zu knüpfen. Statt einfach nur Ruhephasen, um auf den nächsten Vortrag zu warten, werden die Pausen zu einem Raum für interaktive Aktivitäten, Diskussionen oder Gruppenarbeiten.[34]

Außerdem spielt der Moderator der Veranstaltung eine bedeutende Rolle. Interaktive Events zeichnen sich dadurch aus, dass sie das Publikum aktiv einbeziehen. Der Moderator sollte die Teilnehmer dazu ermutigen, Fragen zu stellen, Kommentare abzugeben und an Diskussionen teilzunehmen sowie außerdem dafür sorgen, dass alle Teilnehmer sich gehört fühlen. Ein guter Moderator erzeugt zusätzlich eine an-

---

[30] Vgl. Dams/Luppold, 2016, S. 3 f.

[31] Vgl. Altenbeck/Luppold, 2023, S. 36.

[32] Fleck/Niermann, S. 15.

[33] Vgl. Hoffmann-Wagner/Jostes, 2021, S. 79.

[34] Vgl. Knoll, 2016, S. 10.

genehme Atmosphäre. Dadurch wird eine vertrauensvolle Umgebung geschaffen, in der die Teilnehmer sich wohlfühlen und ihre Gedanken frei teilen können. Falls der Veranstalter sich dazu entscheidet, Diskussionsrunden einzubinden, sollte der Moderator an dieser Stelle sicherstellen, dass die Diskussion fair und ausgeglichen ist. Er sollte jedem Teilnehmer die Möglichkeit geben, sich zu äußern, und die Diskussion auf dem richtigen Kurs halten, damit die relevanten Themen behandelt werden.[35]

Zusätzlich spielt die Wahl der Räumlichkeiten eine entscheidende Rolle für die Inszenierung der Interaktion. Die Veranstaltungsorte bilden die Grundlage für die Umsetzung verschiedener interaktiver Formate und beeinflussen maßgeblich die Art und Weise, wie die Teilnehmer miteinander interagieren.[36] Beispielsweise erfordert ein Open Space-Format mit vielen Personen offene und flexible Räume, in denen sich die Teilnehmer frei bewegen und in kleinen Gruppen diskutieren können. Es braucht ausreichend Platz für Diskussionsrunden, Pinnwände oder Arbeitsstationen. Die Räumlichkeiten müssen so gestaltet sein, dass sie eine aktive Teilnahme und den Austausch fördern.[37] Für Veranstaltungen wie World Café oder Round Table, bei denen der Fokus auf kleineren Gruppen liegt, sind möglicherweise separate Räume erforderlich, in denen die Teilnehmer in gemütlicher Atmosphäre miteinander interagieren können.[38]

Die Interaktion zwischen den Teilnehmern bei Networking-Veranstaltungen kann spontan oder geplant erfolgen. Das spontane Networking bezieht sich auf zufällige Begegnungen und Kontakte, die zwischen den Teilnehmern entstehen, ohne dass sie im Voraus geplant wurden. Diese Art der Interaktion kann zu unvorhergesehenen Verbindungen und Synergien führen. Auf der anderen Seite gibt es die organisierte Interaktion, die vom Veranstalter geplant und gefördert wird. Der Veranstalter stellt ein passendes Setting bereit, das den Teilnehmern ermöglicht, sich leichter kennenzulernen. Dies kann beispielsweise die Bereitstellung von Netzwerkzonen, Icebreaker-Aktivitäten oder thematische Diskussionsgruppen umfassen. Durch die geplante Interaktion schafft der Veranstalter eine strukturierte Umgebung, die den Austausch zwischen den Teilnehmern erleichtert. Es ist wichtig zu beachten, dass die Art und Weise, wie die Interaktion stattfindet, einen Einfluss auf die Gesamterfahrung der Teilnehmer haben kann.[39]

VI. Fazit und Ausblick

Durch Interaktionen zwischen den Teilnehmern gestalten sich Events lebendig und dynamisch. Dadurch wird das Interesse der Teilnehmer geweckt und die Auf-

---

[35] Vgl. Edmüller/Wilhelm, 2021, S. 10, S. 12 f.

[36] Vgl. Knoll, 2016, S. 9.

[37] Vgl. Knoll, 2018, S. 22 f.

[38] Vgl. ebd., S. 37 f.

[39] Vgl. Knoll, 2016, S. 9.

merksamkeit kann aufrechterhalten werden. In diesem Beitrag wurde beschrieben, dass es verschiedene Möglichkeiten gibt, wie die Interkation als Erfolgsfaktor eingesetzt werden kann. Gestaltungsmöglichkeiten wie Diskussionsrunden, Workshops, Fragerunden, Abstimmungen oder interaktive Präsentationen können dazu beitragen, das Publikum aktiv einzubeziehen und ihm eine Stimme zu geben. Es hat sich herausgestellt, dass die Inszenierung der Interaktion eine sorgfältige Planung und Durchführung erfordert und wesentliche Elemente beachtet werden müssen. Nur so kann sichergestellt werden, dass die interaktiven Elemente sinnvoll sind und die gewünschten Ergebnisse erreicht werden können, die sowohl für die Teilnehmer als auch für den Veranstalter von Wert sind.

Wir können davon ausgehen, dass zukünftig noch weitere innovative Interaktionsmöglichkeiten zum Einsatz kommen. Technologische Weiterentwicklungen und die Nutzung von KI (Künstlicher Intelligenz) werden die Erlebnis- und Ergebnis-Wirkung steigern. KI-gesteuerte Chatbots und virtuelle Assistenten können Teilnehmer dabei unterstützen, Fragen zu beantworten und relevante Informationen bereitzustellen.[40] Veranstalter können mithilfe der KI-gesteuerten Analyse von Daten über das Verhalten und die Interessen der Teilnehmer maßgeschneiderte Empfehlungen ableiten und auf diese Weise eine personalisierte Eventerfahrung bieten.[41]

Verwendete und weiterführende Literatur

Altenbeck, Detlef/*Luppold*, Stefan (2023): Inszenierung und Dramaturgie für gelungene Events, 2. Auflage, Wiesbaden (Springer Gabler).

Bayern Innovativ (2023a): Events & Messen, https://www.bayern-innovativ.de/de/events-und-messen/veranstaltungen (abgerufen am 24.05.2023).

Bayern Innovativ (2023b): TRANSFERleben 2023 – Impulse, Lösungen, Netzwerken – Überblick, https://www.bayern-innovativ.de/de/events-und-messen/veranstaltungen/veranstaltung/transferleben-2023#!ueberblick (abgerufen am 24.05.2023).

Bayern Innovativ (2023c): TRANSFERleben 2023 – Impulse, Lösungen, Netzwerken – Programm, https://www.bayern-innovativ.de/de/events-und-messen/veranstaltungen/veranstaltung/transferleben-2023#!programm (abgerufen am 24.05.2023).

Bayern Innovativ Gesellschaft für Innovation und Wissenstransfer mbH (Hrsg.) (2022): Lagebericht 2022, Nürnberg.

Bodenstein-Dresler, Friederike/*Hey*, Barbara (2021): Virtuelle Veranstaltungen in Wissenschaft und Lehre – Eine praxisorientierte Einführung, Wiesbaden (Springer Gabler).

Burger, M./*Mildenberger*, T. (2017): Digitale, virtuelle und hybride Konferenzformate, in: Bühnert, C./Luppold, S. (Hrsg.): Praxishandbuch Kongress-, Tagungs- und Konferenzmanagement: Konzeption & Gestaltung, Werbung & PR, Organisation & Finanzierung, Wiesbaden (Springer Gabler).

---

[40] Vgl. Conventex, 2022, o.S.

[41] Vgl. Rapp, 2019, o.S.

Conventex (2022): Wie genau wirkt sich KI auf die Veranstaltungsbranche aus?, https://convent ex.com/ki-in-der-eventbranche/ (eingestellt am 28. 11. 2023, abgerufen am 04. 06. 2023).

Dams, Colja/*Luppold*, Stefan (2016): Hybride Events – Zukunft und Herausforderung für Live-Kommunikation, Wiesbaden (Springer Gabler).

Edmüller, Andreas/*Wilhelm*, Thomas (2021): Moderation, 7. Auflage, Freiburg (Haufe).

Fischer-Lichte, Erika (2021): Performativität – Eine kulturwissenschaftliche Einführung, 4. Auflage, Bielefeld (transcript).

Gabler Wirtschaftslexikon (o. J.): Stichwort „Interaktion", https://wirtschaftslexikon.gabler.de/ definition/interaktion-39396 (abgerufen am 22. 08. 2021).

Gawenda, M. (2019): Die Interaktion-Definition der Eventagenturen, https://www.event-part ner.de/business/was-bedeutet-interaktion/ (eingestellt am 01. 03. 2019, abgerufen am 04. 06. 2023).

German Convention Bureau (2019): Teilnehmer-Experience als Schlüssel zum Erfolg, https:// www.gcb.de/de/germany-meetings-magazin/meetings-hands-on/teilnehmer-experience-als-schluessel-zum-erfolg/ (eingestellt am 17. 10. 2019, abgerufen am 20. 05. 2023).

Hoffmann-Wagner, Kerstin/*Jostes*, Gudrun (2021): Barrierefreie Events – Grundlagen und praktische Tipps zur Planung und Durchführung, Wiesbaden (Springer Gabler).

Knoll, Thorsten (2016): Partizipation: Vom Teilnehmer zum Teilhaber, in: Knoll, Thorsten (Hrsg.): Neue Konzepte für einprägsame Events, Wiesbaden (Springer Gabler).

Knoll, Thorsten (2017): Veranstaltungen 4.0 – Konferenzen, Messen und Events im digitalen Wandel, Wiesbaden (Springer Gabler).

Knoll, Thorsten (2018): Veranstaltungsformate im Vergleich – Entscheidungshilfen zum pass-genauen Event, Wiesbaden (Springer Gabler).

Kober, S. (2020): Digitalisierung im B2B-Vertrieb: Ergebnisse verbessern mit digitalen Tools – Impulse zur Entscheidung und Umsetzung, Wiesbaden (Springer Gabler).

Lohmann, K./*Zanger*, C. (2020): Die Wirkung von Smileys auf die Social Presence in Kunden-interaktionen mit Self-Service-Technologies, in: Zanger, C. (Hrsg.): Events und Messen im digitalen Zeitalter: aktueller Stand und Perspektiven, Wiesbaden (Springer Gabler).

Poeteus (o. J.): Zitate für Freunde, http://www.poeteus.de/zitat/Sage-es-mir-und-ich-werde-es-vergessen-Zeige-es-mir-und-ich-werde-es-vielleicht-behalten-Lass-es-mich-tun-und-ich-wer de-es/275 (abgerufen am 28. 05. 2023).

Prahl, D. (2020): Livestream-Chat für mehr Interaktion & Netzwerken bei Online-Events, https://www.eventmobi.com/de/blog/livestream-chat-interaktion-netzwerken-online-events/ (eingestellt am 10. 08. 2020, abgerufen am 13. 05. 2023).

Rapp, Liane (2019): KI und Machine Learning werden Events automatisieren, https://www. event-partner.de/business/ki-und-machine-learning-werden-events-automatisieren/ (einge-stellt im Jahr 2019, abgerufen am 01. 06. 2023).

Schmitt, Eugenia (2021): Business Meetings – Verbindung schaffen in virtuellen Räumen, in: Frank, H./Himmel, W./Luppold, S. (Hrsg.): Berührende Online-Veranstaltungen: so gelingen digitale Events mit emotionaler Wirkung, Wiesbaden (Springer Gabler).

Schmitt, Eugenia (2023): Hybride Workshops, die wirklich funktionieren, in: Himmel, Wolf-gang/Luppold, Stefan (Hrsg.): Workbook berührende, hybride Veranstaltungen, Wiesbaden (Springer).

Taepke, Katrin (2021): Die 16 besten Online-Whiteboards im Überblick, https://www.mices tens-digital.de/online-whiteboards-im-ueberblick/ (eingestellt am 29.09.2019, abgerufen am 14.05.2023).

Watkins, Vanessa/*Wezel*, Hannes (2023): Kommt Partizipation eigentlich von Party?, in: Him-mel, Wolfgang/Luppold, Stefan (Hrsg.): Workbook berührende, hybride Veranstaltungen, Wiesbaden (Springer Gabler).

Werner, Kim (2021): Co-Creation in der Veranstaltungsbranche: Der Mehrwert von partizipa-tiven Veranstaltungsformaten, in: Ronft, Steffen (Hrsg.): Eventpsychologie, Wiesbaden (Springer Gabler).

Zanger, Cornelia (2021): Events als Forschungsgegenstand, in: Ronft, Steffen (Hrsg.): Event-psychologie, Wiesbaden (Springer Gabler).

Auftrittsdesign – ein Gespräch

Von *Stefan Luppold* und *Sabine Abrolat*

Was ist eigentlich Auftrittsdesign, weshalb findet man diesen Begriff nicht in der klassischen Veranstaltungs-Literatur – und in welcher Hinsicht leistet es einen Beitrag zum Erfolg von Events? – Ein Gespräch zwischen Professor Stefan Luppold und Sabine Abrolat, die mehrere Jahrzehnte als Geschäftsführerin mit ihrem Unternehmen Res Ebert Events, Konferenzen und Messen mitgestaltet hat.

Wie viel Erfahrung in der Veranstaltungsbranche hast du?

Ich bin in und mit der Veranstaltungsbranche groß geworden, da ich mit dem Unternehmen meiner Großmutter aufgewachsen bin. Sie hat im Jahr 1957 mit der Ausstattung der ersten BAMBI – Verleihungen begonnen. Als Kind habe ich Äste zum Verglimmen im Stadtgarten gesammelt, die bei Veranstaltungen als Dekoration zum Einsatz kamen. Obwohl dann nach München gezogen, jobbte ich immer wieder bei der Großmutter: Dinge anstreichen, Schablonen von Styroporbuchstaben entfernen, Vielfältiges bei Messen und Kongressen.

Vor über 40 Jahren habe ich mich dann für diese Berufung entschieden, interimsmäßig bei der Großmutter gearbeitet, bin schließlich in das Unternehmen eingetreten. Um eine solide berufliche Grundlage zu haben, studierte ich 1986 Grafikdesign in München. 1989 bin ich zurück nach Karlsruhe gezogen und habe dann bis zum Tod der Großmutter im Jahr 1996 das Unternehmen gemeinsam mit ihr geführt. Ab dann habe ich alles allein gemacht, wurde im Jahr 2000 auch Ausbildungsbetrieb für Gestalter und Gestalterinnen für visuelles Marketing.

Was ist denn nun Auftritts- beziehungsweise Ausstattungsdesign?

Das beginnt mit der Beratung – wo steht der Kunde, welche Ziele verfolgt er mit der Veranstaltung – und mündet in die Notwendigkeit, ein Profil zu entwickeln, eine umfassende Konzeption mit Logo, auch die Entwicklung eines Logos.

Kleines und Großes gehört zum Auftritt: vom Türschild am Eingang des Unternehmens oder der Location über die Fahrzeugbeschriftung, ein Key Visual am Mikrofon, gebrandete T-Shirts und Fotowände bis hin zum „Herzlich-Willkommen"-Banner, das die Gäste abholt und ihnen Wertschätzung vermittelt.

Man kann auch von der Darstellung der Philosophie eines Unternehmens, eines Verbandes oder einer Organisation sprechen.

Geht es insbesondere um Visualisierung?

Eindeutig, um das Optische, die Wiedererkennung. Also nicht um das Gesamtkonzept der Veranstaltung als dramaturgische Aufgabe, sondern exakt um diesen visuellen Part. Man kann hier auch von Raum-Architektur sprechen.

Bei Parteitagen etwa ging es früher um den langen Funktionsträger-Tisch auf der Bühne und die notwendige Inszenierung – vom Namensschild bis zur Rückwand – mit der Berücksichtigung von zwei Blicken: dem der Delegierten und dem der Fernsehzuschauer.

Heute ist das nicht mehr so starr, etwa mit Talk-Runden und Videokonferenz-Studios, aber mit denselben Anforderungen an die visuelle Wahrnehmung. Wie wirkt es, wenn sich in einem Streaming-Studio zwei Personen unterhalten, eine dann am Rednerpult steht und schließlich eine weitere etwas vor einer Logo-Wand präsentiert? Das beantworten wir jeweils spezifisch, aber dennoch im Gesamtkontext einer durchgängigen visuellen Sprache und möglichst so modular, dass im Ablauf der Veranstaltung Raum für spontane Veränderungen bleibt. Also die Schaffung ganz vieler wertiger Situationen aus dem kleinen Raum einer Video-Konferenz heraus. Immer erkennbar müssen die Philosophie, das Standing, die CI der Organisation sein.

Die Agentur legt beispielsweise ein Format – wie Panel Discussion – fest und du setzt das dann um?

Wir konzentrieren uns auf die Raum-Architektur und halten uns aus der inhaltlichen Konzeption heraus, wenngleich wir für Tipps und Hinweise aufgrund unserer Erfahrung natürlich zur Verfügung stehen.

Unsere Kunden entwickeln diese Konzepte entweder selbst, weil sie über eigene Kompetenzen verfügen, oder im Dialog mit einer Event- oder Campaigning-Agentur: Diese versuchen, die Inhalte so zu formulieren, dass es Slogan taugliche Formate gibt – was wir dann ins Visuelle übersetzen. Hier ist die Schnittstelle. Und wir, also das Auftrittsdesign, starten dort mit der Überlegung, wie man das bauen muss, damit das Inhaltliche verstanden wird.

Wie ist das mit speziellen Themen, etwa „Licht" und „Ton"?

Da holen wir uns, wie auch bei anderen Gewerken, immer Experten mit dazu. Die sind auf dem Stand der Technik, verfügen über das notwendige Wissen und Equipment. Das gilt für Videokonferenztechnik und TV-taugliches Ausleuchten. Wo es einfach um das Aufstellen von ein paar Scheinwerfern geht, da machen wir das selbst.

Wir bauen dann häufig im engen Austausch mit diesen Gewerken – das ist so im professionellen Kontext unverzichtbar – passend und selbstverständlich immer eng abgestimmt. Klar, dass dies ein Prozess ist und wir daher frühzeitig mit den Gesprächen beginnen müssen.

Wird Auftrittsdesign immer benötigt, also bei kleinen wie auch Mega-Events?

Ja, immer. Welches Rede-Pult soll eingesetzt werden, soll überhaupt ein Pult aufgestellt werden, welche Alternativen der räumlichen Inszenierung gibt es für einen Vortrag oder ein Gespräch? Da sind immer auch wir gefordert.

Es fängt an bei einem Schild, das den Weg weist! Denken wir an einen Parteitag oder einen Kongress, der für die Delegierten eine funktionsfähige Wegeleitung erfordert. Eine Präsenz innerhalb der Stadt, in der die Veranstaltung stattfindet, etwa mit Fahnen. Die Abendveranstaltung an einem anderen Ort – aber mit gleicher visueller Sprache und Erkennbarkeit gebrandet wie die Busse, die den Transfer leisten, wie der Catering-Bereich oder die begleitende Ausstellung. Nicht, was es zu essen gibt, ist unser Part, aber ob und wie eingedeckt, dekoriert und visuell inszeniert wird.

Modularität ist ein Spezialgebiet, auf dem unsere Erfahrungen begehrt sind: Welche Ausstattung kann immer wieder zum Einsatz kommen, wo wird lediglich die Beschriftung ausgetauscht oder in welchen Fällen muss komplett neu angefertigt werden?

Dann, als ein weiteres Beispiel, der Mobiliar-Check: Gibt es etwas Adäquates im Haus und kann das genutzt werden – oder muss etwas zugemietet oder von uns speziell gebaut werden?

Auftrittsdesign ist also auf jeden Fall ein Erfolgsfaktor für Veranstaltungen?

Ja, denn es beginnt beim Wiedererkennungswert, den wir herstellen, der die Rolle des Gastgebers betont, eine Willkommenskultur zeigt, nachhaltige Erinnerungen schafft. Auftrittsdesign ist eine Form, wie Kunden sich selbstbewusst darstellen können, und dies ohne Überheblichkeit, sondern authentisch. Wo sie stehen und wo sie hinwollen, das ist die Basis für unser Auftrittsdesign.

Wie früh muss man Auftrittsdesign in die Planung mit aufnehmen, reicht das eine Woche vor dem Event?

Nein, auf keinen Fall. So früh wie möglich! Wir haben die besten Erfahrungen mit Projekten, bei denen wir zum Teil Jahre vor der Veranstaltung mit involviert werden – bei der Auswahl der Location etwa. Und nach dem Event ist vor dem Event: bei Parteitagen, Hauptversammlungen und Gewerkschaftskongressen leitet das Debriefing – die Nachbesprechung – bereits über zur Vorbereitung der Folgeveranstaltung.

Magst du uns ein Beispiel nennen, vielleicht aus dem internationalen Bereich deiner Tätigkeit?

Gerne. Ein Hersteller hochwertiger Schreib-Utensilien hatte uns für die Eröffnung seines Flagship Stores in Peking beauftragt. Die komplette Darstellung unternehmensspezifischer Elemente – etwa das Logo – gehörte dazu, wie auch das Transferieren von neuen Produkten in die visuelle Ebene.

Eine mehrtägige Veranstaltung, mit diversen Workshops und Abendveranstaltungen, unter Berücksichtigung des gesamten Produktsortiments, zu dem auch Accessoires, Schmuck und Uhren gehören.

Der gesamte Auftritt musste in einer einheitlichen Designsprache erfolgen, die eine Markenidentifikation transportiert. Spezielle Vitrinen zur Präsentation, die von Fachunternehmen gebaut wurden, mussten von uns innen gestaltet und drapiert werden. Input für uns lieferten sogar die Designer der hochwertigen, handgemachten

Schreibgeräte; aufgrund dieser Informationen wurde von uns dann mit Stoff bezogen, mit Leder bespannt und so weiter. Wir unterstützten dabei, die Markenphilosophie erlebbar zu machen!

Wir hatten kurz darüber gesprochen, dass Gäste auch willkommen geheißen werden sollen!

Willkommenskultur beginnt damit, dass beispielsweise Teilnehmerinnen und Teilnehmer eines Kongresses bereits beim Eintreffen in der Stadt – am Hauptbahnhof oder am Flughafen – eine Anlaufstelle für ihren Aufenthalt finden: etwa einen Infopoint, der durch ein Logo signalisiert: „Hier bist du richtig!" Die Kongressunterlagen werden übergeben, ein Shuttle – ebenfalls als Service der Veranstaltung durch entsprechende Schilder, Aufkleber, Markierungen erkennbar – übernimmt den Transport in die Unterkunft … und dort wartet, wieder als Orientierung ganz eindeutig erkennbar, die nächste gebrandete Support-Station auf die Ankommenden.

Fokus also auf die Gäste?

Schon, aber natürlich auch auf Dienstleister und alle Menschen, die dort, wo die Veranstaltung stattfindet, leben oder arbeiten. Als Quasi-Sekundäreffekt ist es doch schön, wenn die nicht direkt Beteiligten erleben, wie gut sich ein Unternehmen, ein Verband oder eine Partei um ihre Gäste kümmert!

Selbstverständlich stehen aber die Teilnehmerinnen und Teilnehmer im Mittelpunkt. Sie benötigen Sicherheit und Orientierung, die wir ihnen visuell geben können – durch Info-Tafeln oder eine passende Wegeleitung. Nichts ist schlimmer als umherirrende und suchende Menschen – ein kleiner Hinweis an der richtigen Stelle vermeidet das und unterstreicht nochmals die Gastfreundschaft des Veranstalters. Gute Stimmung ist vorprogrammiert!

Und die sollte auch bei den Pressevertreterinnen und -vertretern erzeugt werden: mit Catering, Internetzugang und Pausenräumen. Wir helfen dabei, dass die gastronomische Versorgung erkannt und gefunden wird, der WLAN-Zugang nicht recherchiert werden muss und auf dem Weg zu den temporären Pressearbeitsplätzen schon die Sicherheit besteht, dass es dort auch Toiletten gibt. Im großen Stil können das dezidierte Pressezentren sein, mit Interview-Ecken, im Hintergrund eine Logo-Wand oder mit Blick auf die ganzheitlich gestaltete Veranstaltungsstätte.

Durch Erfahrung und gute Vorbereitung ist dann alles abgedeckt?

Nein, es braucht immer auch Improvisationsmöglichkeiten auf hohem Niveau! Das ist sogar mit das Wichtigste! Noch so professionelle Absprachen vorab vermeiden nicht, dass kurzfristige Änderungen notwendig sind. Ein Redner erkrankt, wird ersetzt und das passende Namensschild muss produziert werden. Oder bei einer Wirtschaftskonferenz sagt die Delegation eines Landes kurzfristig ab: Fotowände müssen neu gedruckt, Flaggenensembles umgestaltet und die Tischordnung neu arrangiert werden. Ob Unternehmens-, Messe- oder Öffentliches Protokoll: Da muss reagiert werden!

Wie lässt sich diese Flexibilität denn realisieren?

Es braucht eine Werkstatt vor Ort! Drucken, zuschneiden, tackern, kaschieren und so weiter – das können wir immer, manchmal mit kleinem, oft aber mit großem Besteck. Ohne zu konkret zu werden: Bei großen internationalen politischen Konferenzen haben wir standardmäßig einen Teil einer Tiefgarage, in unmittelbarer Nähe zum Veranstaltungsraum, als temporäre Werkstatt eingerichtet.

Welche Berufe, welche Disziplinen finden sich beim Ausstattungsdesign?

Grafikdesignerinnen und -designer, Mediengestalterinnen und -gestalter, Gestalterinnen und Gestalter für visuelles Marketing, Schreinerinnen und Schreiner, Schlosserinnen und Schlosser, Dekorateurinnen und Dekorateure, Schneiderinnen und Schneider, Logistikerinnen und Logistiker, Lageristinnen und Lageristen sowie für die Administration Betriebswirtinnen und Betriebswirte.

Noch kurz zur Logistik – eine Herausforderung an sich?

Unbedingt, schon im Allgemeinen, aber ganz besonders im Speziellen – wenn wir hohe Sicherheitsanforderungen haben, wie etwa bei einem politischen Gipfel. Ganze LKWs werden durchsucht, Zonen werden temporär oder ab einem bestimmten Zeitpunkt komplett gesperrt und sind nicht mehr zugänglich, unser Team muss vorab akkreditiert und sicherheitsüberprüft sein. Daher führen wir einen großen Materialvorrat mit, ohne zu wissen, ob wir den brauchen werden – er ist dann aber jederzeit verfügbar, auch wenn der Sicherheitskreis enger gezogen wird. Das gilt auch für den Maschinenpark – Drucker, Plotter, Nähmaschinen und so weiter, vorausschauend einfach alles dabeihaben.

Und vielleicht noch ein Highlight aus deinem reichhaltigen Erfahrungsschatz?

Für den NATO-Gipfel 2009 mit dem US-amerikanischen Präsidenten Barack Obama in Baden-Baden musste aus logistischen Gründen ein eigener Zugang geschaffen werden. Unsere visuelle und handwerkliche Kompetenz war gefordert – und wir bauten einen temporären Zugang, der nicht vom Hauptzugang zu unterscheiden war. Die Wände zeigten den Marmor des Kurhauses, allerdings nach professioneller Fotografie und hochwertigem Ausdruck nicht aus Stein … der Unterschied war nur beim Anfassen spürbar – die warme Oberfläche der aufkaschierten Digitaldrucke und kein kühler Marmor.

Veranstaltungstechnik: Stakeholder-Zufriedenheit durch strategischen Einsatz

Von *Patrick Haag*

I. Veranstaltungstechnik – eine Einführung

Neben zahlreichen Elementen und Gewerken, die für das Gelingen einer Veranstaltung entscheidend sind, kommt der Veranstaltungstechnik aus zwei Perspektiven eine zentrale Rolle zu, um ein erfolgreiches Event zu realisieren. So ist die passende Technik einerseits im Rahmen der Veranstaltungsinfrastruktur und damit einhergehend auch mit Blick auf das Thema Veranstaltungssicherheit zentraler Bestandteil von Veranstaltungskonzepten und wird andererseits im Kontext der Inszenierung eingesetzt. Nachfolgende Beispiele verdeutlichen diesen Zweiklang:

Veranstaltungstechnik im Rahmen der Veranstaltungsinfrastruktur:

– Stromversorgung der Veranstaltungslocation, insbesondere bei nicht festen und dauerhaft genutzten Anlagen/Locations und fliegenden Bauten.

– Beleuchtung der Veranstaltungslocation sowie der infrastrukturellen Anlagen – vom Parkplatz bis zum Catering-Bereich.

– Beschallung des Veranstaltungsgeländes für Durchsagen, zum Beispiel und insbesondere im Kontext von sicherheitsrelevanten Durchsagen.

– Technische Infrastruktur zur Überwachung und im Rahmen des Besuchermanagements – von der Einlasssituation über die kontinuierliche Kontrolle des Veranstaltungsgeländes bis zur Lenkung und Koordination von Besucherströmen.

– Technische Einrichtungen und Anlagen der Veranstaltungssicherheit, wie Notstromversorgung, Warneinrichtungen, Anlagen für Lautsprecherdurchsagen, Notfallbeleuchtung, Fluchtwegbeschilderung und so weiter.

Veranstaltungstechnik im Kontext der Inszenierung:

– Beschallung des Publikums.

– Beleuchtung der Bühnen- und Showfläche.

– Übertragung der Show auf LED-Wände, in andere Räume/Locations sowie in TV oder Web.

– Einsatz visueller, kinetischer oder pyrotechnischer Effekte.

– Einsatz neuerer Technologien und Medien – von Drohnen über Hologramme bis hin zu AR, VR oder dem Einbezug von Apps und interaktiven Anwendungen.

Die genannten Beispiele sind bei weitem nicht als abschließend zu verstehen. Insbesondere im Rahmen der technischen Inszenierungsmöglichkeiten und der mannigfaltigen Anwendungsgebiete der Veranstaltungstechnik in diesem Zusammenhang (zum Beispiel am Messestand, auf dem Rockkonzert, in Kongressen, bei Inszenierungen in Museen …) können ein stetiger Wandel und eine rasche Weiterentwicklung der zur Verfügung stehenden Möglichkeiten festgestellt werden. Während Branchenwebsites, Fachveranstaltungen und Fachzeitschriften sowie regelmäßig erscheinende Online- und Offline-Publikationen sowie Jahrbücher (siehe hier zum Beispiel Stein 2022 und diverse Jahrgänge; Larmann 2010; Krols 2009; Pilbrow, 2008; Larmann 2007) einen guten Einblick in die State of the Art Technik bieten, ist in der wissenschaftlich- und managementorientierten Literatur eine einstimmige und eindeutige Definition und Abgrenzung nicht zu finden. Einen guten, jedoch nicht abschließenden Definitionsansatz liefert Rudeloff (2013, S. 222):

> „Veranstaltungstechnik ist ein elementarer Teil des Veranstaltungsmanagements. Ganz ohne Veranstaltungstechnik ist ein Event kaum möglich, ganz gleich ob es sich um eine Konferenz oder ein Rockkonzert handelt.
>
> Ohne den Einsatz der Veranstaltungstechnik wäre die Veranstaltung eine düstere und anonyme Angelegenheit. Vor allem aber der Veranstalter selbst hätte Schwierigkeiten, das Ziel der Veranstaltung zu realisieren, das – ganz im Sinne der Live-Kommunikation – aus dem Transport verschiedener Inhalte und Botschaften an die Gäste besteht. Produkte sollen dadurch in Szene gesetzt, bestimmte Gefühle hervorgerufen, eine Bindung zur Marke hergestellt oder Gäste zu bestimmten Handlungen, wie beispielsweise Tanzen, animiert werden.
>
> Um diese Ziele zu realisieren, stehen auf Veranstaltungen verschiedene Kanäle zur Verfügung, wie beispielsweise die Licht-, Ton-, Bühnen- und Videotechnik."

Nach Röhrich (2021, S. 433) kann hinzugefügt werden:

> „Durch die immer größer werdende Nachfrage nach Veranstaltungen in jeglicher Art werden auch die mit Botschaften zu erreichenden und zu unterhaltenden Gruppen immer größer. Um die Darbietung der jeweiligen Protagonisten für alle Zuschauer sichtbar, hörbar und erlebbar zu machen, werden die oben genannten Techniken eingesetzt."

Offener formulieren an dieser Stelle Bleile, Schüller und Wiesner (2005, S. 193) und treffen damit das noch heute in der Praxis vorliegende Verständnis:

> Veranstaltungstechnik ist „… bei Veranstaltungen unter Umständen benötigte Technik und/ oder Einrichtungen".

Während sich die Veranstaltungstechnik in der weiteren Vergangenheit oft auf die „klassischen" Gewerke Licht, Ton und Rigging/Bühne bezogen hat, umfasst sie heutzutage weitaus mehr. Von Graeve (2017, S. 120) führt unter anderem Präsentationstechnik und Präsentationsmaterialien, technische Ausstattung für Live-Übertragungen und Videokonferenzen, Kommunikationstechnik für die verschiedenen Beteiligten (Interkom), Internet- und Netzwerktechnik, Ausstattung für Aufzeichnungen,

Regie- und Dolmetschertechnik mit auf. Insbesondere die Letztgenannten gewannen in den vergangenen Jahren immer größerer Bedeutung, wenn hybride oder digitale Veranstaltungskonzepte, wie zum Beispiel in Haag (2023, S. 177 ff.) b eschrieben, realisiert werden sollen. Weiter führt an dieser Stelle ein Blick in die Praxis und die dort angebotenen und umgesetzten technischen Möglichkeiten, welche von Drohnenshows über Hologramme bis hin zu digitalen Anwendungen wie Augmented Reality (AR) und Virtual Reality (VR) reichen.

Neben der Auseinandersetzung mit der Technik beziehungsweise den unterschiedlichen Gewerken an sich muss bei der praktischen Umsetzung vor allem auch die Leistungstiefe unterschiedlicher Anbieter betrachtet und mit Blick auf das jeweils zu realisierende Projekt hinterfragt werden. So reicht das Spektrum von Dry Hire (DH) Anbietern, die ausschließlich Technik ohne Service, Betreuung und Support anbieten (reine, „trockene" Technikvermietung), über Unternehmen, die vordefinierte Konzepte (zum Beispiel von einer Agentur) umsetzten, bis hin zu Dienstleistern, die tatsächlichen Full Service bieten, der auch Konzeption, Beratung, Planung, Visualisierung, Programmierung und die gesamte Realisierung abdeckt.

Zentrale Fragen im operativen Veranstaltungsmanagement stellen einerseits die Themengebiete rund um die Zielsetzung der Veranstaltung sowie andererseits die zu erreichenden und einzubeziehenden Stakeholder der Veranstaltung dar. So richten sich an diesen sowohl die Art der einzusetzenden Technik als auch die Verwendung der eingesetzten Technik sowie das technische Konzept und die Frage aus, wie welche Dienstleister in welchem Umfang mit einbezogen werden sollen.

II. Methodische Vorüberlegungen

Mit der Fragestellung, wie Veranstaltungstechnik strategisch eingesetzt werden kann, um die relevanten Zielgruppen zufriedenzustellen und die Veranstaltung schließlich zu einem Erfolg zu führen, wird nachfolgend auf zwei Modelle Bezug genommen. Diese werden im Folgenden kurz angerissen, wobei für eine umfangreichere Auseinandersetzung auf die genannte sowie weiterführende und Grundlagenliteratur zu den entsprechenden Sachverhalten beziehungsweise Modellen verwiesen wird.

1. Modell der Zielgruppenziele

Zentrales Element im Kontext der Überlegungen zur Zielerreichung bei Veranstaltungen stellt der Dreiklang aus Zielen, Zielgruppen und Zielgruppenzielen dar. So fassen Haag und Luppold (2020, S. 1 ff.) zusammen, dass die Ziele der Veranstaltung nur dann erreicht werden können, wenn das Konzept die korrespondierenden Zielgruppen adressiert. Dies wiederum setzt eine umfassende Auseinandersetzung damit voraus, wer die Zielgruppen sind und was deren Ziele, Bedürfnisse, Anforderungen, Wünsche und Erwartungen sind (= Zielgruppenziele).

Grundlage dieser Überlegungen stellen unter anderem verschiedene Ansätze zur Zielpyramide (siehe hierzu zum Beispiel Becker 2006, S. 28; Meffert et al. 2019, S. 279 ff.; Esch/Langner 2019, S. 1380 f.), zur SMARTen Zielformulierung (Haag/ Luppold 2020, S. 16 ff.) sowie zur Erarbeitung und Verwendung von Buyer/Visitor Persona (Haag/Luppold 2020, S. 21 ff.) dar.

Zusammenfassend halten sie fest:

– Veranstaltungsziele können nur erreicht werden, wenn die relevanten Zielgruppen erreicht werden.

– Die Zielgruppen können nur erreicht werden, wenn diese ihre Zielgruppenziele (Wünsche, Bedürfnisse, Anforderungen, Erwartungen …) erreichen.

– Für die Erreichung der Veranstaltungsziele ist es demnach notwendig, dass die relevanten Zielgruppen ihre Ziele (Zielgruppenziele) erreichen.

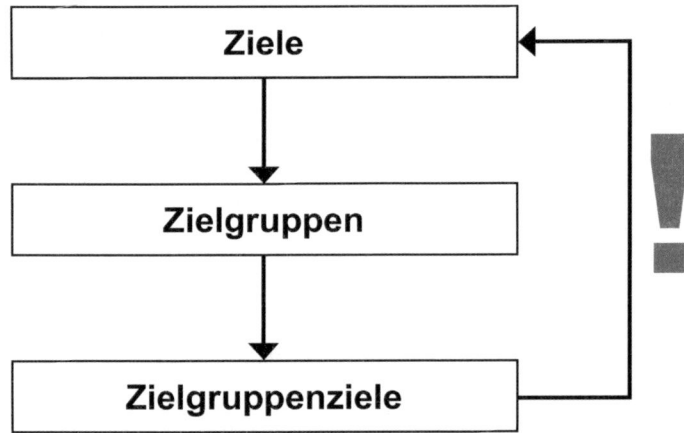

Abbildung 1: Modell der Zielgruppenziele.
Quelle: Haag/Luppold 2020, S. 31.

2. Kano-Modell

Mit Blick auf die Zufriedenheit und Unzufriedenheit von Stakeholdern[1] kommt dem von Kano entwickelten Modell große Bedeutung zu. Dieser erkennt, dass es für einen Anbieter zentral ist, sich mit seinen Kunden und deren Problemen und Bedürfnissen auseinanderzusetzen (Sauerwein 2000, S. 27), und dass die Adressierung eben dieser Probleme und Bedürfnisse in engem Zusammenhang mit der Zufrieden-

---

[1] In der zu Grunde liegenden Ausgangsliteratur werden hier primär die Kunden betrachtet, wobei im Kontext dieser Auseinandersetzung eine Übertragung der Überlegungen auf alle Stakeholder erfolgen kann.

heit und Unzufriedenheit der Kunden steht (Hölzing 2008, S. 78). Kano unterscheidet schließlich zwischen verschiedenen Produktanforderungen, die sich je nach Ausprägung beziehungsweise Erfüllungsgrad in unterschiedlichem Maße und in unterschiedlicher Ausprägung auf die Kundenzufriedenheit auswirken (Engelhardt/Magerhans 2019, S. 69).

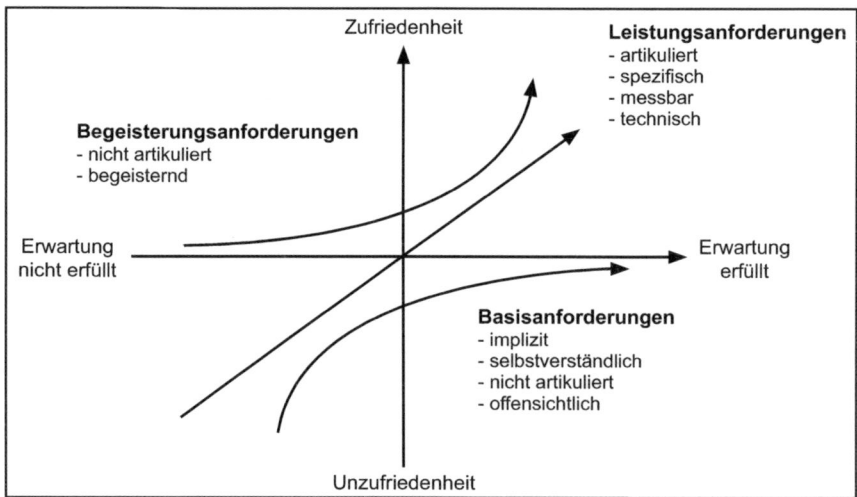

Abbildung 2: Kano-Modell der Kundenzufriedenheit.
Quelle: Hölzing, 2008, S. 85.

Zusammenfassend ergeben sich folgende Anforderungen[2]:

Basisanforderungen:

Diese werden vom Kunden implizit vorausgesetzt und sind „Muss-Kriterien". Da diese Kriterien vorausgesetzt werden, führen sie bei Erfüllung nicht zu Zufriedenheit, bei Nicht-Erfüllung jedoch zu Unzufriedenheit.

Leistungsanforderungen:

Hier steht die Kundenzufriedenheit in proportionalem Zusammenhang mit dem Erfüllungsgrad der Anforderung. Je besser die Anforderungen erfüllt werden, desto höher ist die Zufriedenheit – und umgekehrt. Leistungsanforderungen werden vom Kunden erwartet und ausdrücklich verlangt.

---

[2] Auf eine tiefergehende Auseinandersetzung, insbesondere mit Rückweisungsmerkmalen, falscher Einschätzung der Kundenbedürfnisse und „Fragwürdigkeit" wird an dieser Stelle verzichtet und auf die angeführte und weitere Literatur verwiesen.

Begeisterungsanforderungen:

Diese werden vom Kunden nicht erwartet und nicht verlangt. Werden diese Anforderungen erfüllt, entsteht überproportionale Zufriedenheit.

Grafisch lassen sich die Überlegungen und speziell die Auswirkung der Erfüllung beziehungsweise des Vorhandenseins von Basis-, Leistungs- und Begeisterungsfaktoren auf die Zufriedenheit oder Unzufriedenheit wie folgt zusammenfassen:

III. Strategischer Einsatz von Veranstaltungstechnik

Gerade im Kontext der Veranstaltungstechnik fällt immer wieder die Heterogenität der Stakeholder beziehungsweise der Stakeholder-Gruppen auf. Während in diesem Beitrag lediglich auf die direkt an der Veranstaltung beteiligten Stakeholder eingegangen wird, weitet sich der Kreis der Anspruchsgruppen sogar deutlich, wenn über die eigentliche Veranstaltung hinausgeblickt wird, zum Beispiel hin zur Konzeption und Planung der Veranstaltung oder zum Auf- und Abbau.

Im tatsächlichen Rahmen der Durchführung der Veranstaltung können typischerweise folgende Stakeholder-Gruppen festgestellt werden:

– Band

– Caterer

– Dolmetscher

– Gäste

– Hallen-/Locationbetreiber

– Moderation

– Presse und Medien

– Protokollverantwortliche/-abteilung

– Redner

– Showacts

– Sicherheitsverantwortliche

– Veranstalter

Bereits bei der lediglich pauschalen Betrachtung dieser Stakeholder fallen die verschiedenen und individuellen Bezüge und Schnittstellen zum Thema Veranstaltungstechnik auf. Diese wiederum resultieren in jeweils unterschiedlichen Anforderungen, Bedürfnissen und Vorstellungen der Stakeholder.

In der kombinierten beziehungsweise aufeinander aufbauenden Anwendung der zwei vorgestellten Modelle, kann für die jeweiligen Stakeholder abgeleitet werden, welche Anforderungen (seitens der Veranstaltungstechnik) erfüllt sein müssen, um Zufriedenheit zu schaffen.

Beispiel 1: Band

Ziel (des Veranstalters):	Eine gute Performance der Band, da diese sich maßgeblich auf die Stimmung bei der Veranstaltung und damit auf das Erlebnis der Gäste auswirkt.
Zielgruppe:	Band.
Zielgruppenziele:	Guter Monitorsound, einfaches Anschließen der mitgebrachten Instrumente an die vorhandene Technik, unkomplizierte Kommunikation mit dem Technikdienstleister …

⟶ Das Erreichen der Ziele der Band (Zielgruppenziele) ist unumgängliche Voraussetzung für eine gute Performance der Band und somit für eine entsprechende Stimmung bei den Gästen.

Wird in einem zweiten Schritt bewusst hinterfragt, welche Anforderungen der Technikdienstleister erfüllen muss und an welcher Stelle er durch besondere Leistung sogar Begeisterung und dadurch überproportionale Zufriedenheit erzeugen kann, kann dies wiederum Auswirkungen auf die Performance der Band und damit auf die Stimmung der Gäste haben.

Beispiel 2: Presse und Medien

Ziel (des Veranstalters):	Adäquate und positive Berichterstattung in Presse und Medien.
Zielgruppe:	Presse- und Medienvertreter beziehungsweise deren Teams.
Zielgruppenziele:	Gute Verständlichkeit der Reden und Vorträge, guter Sound bei Showacts und Darbietungen, für deren Bedürfnisse passende Beleuchtung …

⟶ Das Erreichen der Ziele der Presse- und Medienteams (Zielgruppenziele) ist unumgängliche Voraussetzung für hochwertige Aufnahmen und somit für eine entsprechend positive Berichterstattung in den Medien.

Auch hier kann hinterfragt werden, wie die Presse- und Medienvertreter zufriedengestellt und im Optimalfall begeistert werden können. Dies kann zum Beispiel durch das Bereitstellen eines entsprechenden Audiosignals, durch das Zur-Verfügung-Stellen von entsprechenden Flächen (Podesten) und (Strom-)Anschlüssen oder durch die Herausgabe eines Videosignals erfolgen.

Beispiel 3: Sicherheitsverantwortliche

Ziel (des Veranstalters):	Ein sicherer Verlauf der Veranstaltung ohne Zwischenfälle und ohne Sach- oder Personenschäden.
Zielgruppe:	Sicherheitsverantwortlicher.
Zielgruppenziele:	Dem Konzept und den Sicherheitsanforderungen entsprechende technische Ausstattung und Einrichtungen, zum Beispiel zur akustischen Information und Warnung der Gäste, adäquate Beschilderung und Beleuchtung von Flucht- und Rettungswegen, den Regeln und Normen entsprechende Ausführung der technischen Bauten, Einrichtungen und Geräte …

—> Das Erreichen der Ziele des Sicherheitsverantwortlichen (Zielgruppenziele) ist unumgängliche Voraussetzung für die „Freigabe" beziehungsweise den „Betrieb" der Veranstaltung und somit für deren sicheren Verlauf.

Auch in diesem Beispiel kann hinterfragt werden, welche Anforderungen von Seiten der Sicherheitsverantwortlichen implizit vorausgesetzt werden beziehungsweise aufgrund gesetzlicher und normativer Hintergründe bestehen (Basisfaktoren), welche Anforderungen und Bedürfnisse artikuliert werden (Leistungsfaktoren) und an welcher Stelle durch die Erfüllung entsprechender, nicht artikulierter Eigenschaften (Begeisterungsfaktoren) überdurchschnittliche Zufriedenheit erzielt werden kann.

IV. Fazit und Learnings

Der ziel- und zielgruppenorientierte sowie strategische Einsatz von Veranstaltungstechnik spielt eine entscheidende Rolle im Hinblick auf die Zufriedenheit der Stakeholder von Veranstaltungen und hat damit direkten Einfluss auf die Zielerreichung beziehungsweise den Erfolg der Veranstaltung. In diesem Kontext ist eine bewusste Auseinandersetzung damit, wer die relevanten Stakeholder sind und welche höchst individuellen Bedürfnisse, Erwartungen und Ansprüche diese an die verschiedenen Gewerke haben, unumgänglich.

Wie in anderen Bereichen (in dieser Publikation werden beispielsweise Destination, Location, Catering oder Auftrittsdesign näher beleuchtet) müssen sich Veranstaltungsmanagerinnen und Veranstaltungsmanager sowie Verantwortliche zunächst bewusst sein, dass primär nicht ihre, sondern die Wünsche und Anforderungen der Teilnehmer und Gäste im Mittelpunkt stehen. In zahlreichen Gewerken – insbesondere im Bereich der Veranstaltungstechnik – gilt es dann jedoch, weiterzudenken und alle relevanten Stakeholder und deren Bedarfe, Wünsche und Anforderungen – sofern gegeben und für die Veranstaltungsziele relevant – entsprechend miteinzubeziehen.

Mit Blick auf die zahlreichen, verschiedenen Anspruchsgruppen – von den Künstlern über die Gäste und Sicherheitsverantwortlichen bis zum Caterer – wird deutlich, welchen Teil die technischen Gewerke zum Gelingen und Erfolg von Veranstaltungen beitragen. Dies unterstreicht die Relevanz der Veranstaltungstechnik und damit, insbesondere mit Blick in die Praxis, die Bedeutung eines professionellen und zuverlässigen Dienstleisters in diesem Bereich.

Gelingt es, die technischen Gewerke so einzusetzen, dass die entsprechenden Stakeholder- und Zielgruppen einbezogen werden und im Optimalfall nicht nur mit der Erfüllung ihrer Leistungsanforderungen „bedient", sondern sogar begeistert werden, ist der Grundstein für eine erfolgreiche Veranstaltung (zumindest aus Sicht der Veranstaltungstechnik) gelegt.

Veranstaltungstechnik ist zentraler Bestandteil nahezu jeder Veranstaltung – vom Rockkonzert über die Produktinszenierung am Messestand bis zur wissenschaftlichen Konferenz. Als Bereich beziehungsweise Gewerk mit Schnittstellen zu unzähligen anderen Gewerken und mit direktem Einfluss auf Gäste und Besucher der Veranstaltung nimmt die Veranstaltungstechnik einen zentralen Platz im Veranstaltungsmanagement ein und ist somit ein eindeutiger Erfolgsfaktor für Events.

Verwendete und weiterführende Literatur

Becker, J. (2006): Marketing-Konzeption – Grundlagen des ziel-strategischen und operativen Marketing-Managements, München (Vahlen).

Bleile, G./*Schüller*, K./*Weisener*, M. (2005): Schüller's Veranstaltungsfibel – Das Lexikon für Veranstaltungsplaner, Bad Kreuznach (Kurt Schüller Verlag).

Engelhardt, J./*Magerhans*, A. (2019): eCommerce klipp & klar, Wiesbaden (Springer Gabler).

Esch, F.-R./*Langner*, T. (2019): Ansätze zum Markencontrolling, in: Esche, F.-R. (Hrsg.): Handbuch Markenführung, Wiesbaden (Springer Gabler), S. 1379–1408.

Haag, P. (2023): Erfolgsfaktor Zielgruppenorientierung – Wie hybride Konzepte dazu beitragen, noch besser auf Zielgruppen einzugehen, in: Himmel, W./Luppold, S. (Hrsg.): Workbook berührende, hybride Veranstaltungen – Konzepte für kombinierte Online- und Onsite-Events, Wiesbaden (Springer Gabler).

Haag, P./*Luppold*, S. (2020): Zielgruppenorientierte Veranstaltungskonzeption – Messen, Kongresse und Events auf Zielgruppen ausrichten, Wiesbaden (Springer Gabler).

Hölzing, J. (2008): Die Kano-Theorie der Kundenzufriedenheitsmessung: Eine theoretische und empirische Überprüfung, Wiesbaden (Springer Gabler).

Krolls, B. (2009): Extreme Venues – Event Locations Around the World, Antwerpen (Tectum).

Larmann, R. (2010): Stage Design Emotions, Feldgeding (PPV Medien).

Larmann, R. (2007): Stage Design, Köln (daab).

Meffert, H./*Burmann*, C./*Kirchgeorg*, M./*Eisenbeiß*, M. (2019): Marketing – Grundlagen marktorientierter Unternehmensführung: Konzepte – Instrumente – Praxisbeispiele, Wiesbaden (Springer Gabler).

Pilbrow, R. (2008): Stage Lighting Design: The Art, The Craft, The Life, London (Nick Hern Books).

Röhrich, M. (2021): Veranstaltungstechnik, in: Dinkel, M./Luppold, S./Schröer, C. (Hrsg.): Handbuch Messe-, Kongress- und Eventmanagement, 2. Auflage, Berlin (Duncker & Humblot), S. 433–436.

Rudeloff, S. (2023): Veranstaltungstechnik, in: Dinkel, M./Luppold, S./Schröer, C. (Hrsg.): Handbuch Messe-, Kongress- und Eventmanagement, 1. Auflage, Sternenfels (Wissenschaft und Praxis), S. 222–225.

Sauerwein, E. (2000): Das Kano-Modell der Kundenzufriedenheit. Reliabilität und Validität einer Methode zur Klassifizierung von Produkteigenschaften, Wiesbaden (Springer Gabler).

Stien, K. (2022): Eventdesign Jahrbuch 2022/2023, Stuttgart (avedition).

Räume als Sujet des Veranstaltungsmanagements – ein Epilog

Von *Stefan Luppold*

Wir betraten den Kölner Dom und fühlten etwas, konnten eine Mischung aus Demut, Erhabenheit und spiritueller Verzauberung spüren. Obwohl es doch nur Steine sind, die uns umgaben.

Diese beiden Sätze beschreiben nicht nur meine Wahrnehmung von mehreren Besuchen dieser gotischen Kathedrale. Dieses Empfinden war übrigens immer wieder so, auch beim vierten oder fünften Betreten des Gotteshauses. Es trifft auch die Wahrnehmung anderer Menschen, gleich welcher Religionsgemeinschaft sie angehören, egal aus welchem Kulturkreis sie stammen. Ein Raum – hier natürlich der Raum im Kontext des gesamten Gebäudes – wirkt auf uns und wird so Bestandteil unseres gegenwärtigen Empfindens und aller nachgelagerten Erinnerungen.

Bemühen Sie einmal Ihr Gedächtnis und durchforsten Sie es – welche Momente (natürlich auch welche Momente bei Veranstaltungen) haben sich eingeprägt und sind präsent, als stammte das Ereignis von gestern und nicht aus der Kindheit, dem Sommerferienlager mit Geschichten am Lagerfeuer oder dem ersten Gefühl, ein Student zu sein: In meinem Fall war das nicht die Einschreibung, nicht die Auswahl von Kursen oder die Entgegennahme des Studierendenausweises; als Student fühlte ich mich beim erstmaligen Betreten des Hörsaals!

Um gleich hier anzuknüpfen: Hörsäle oder Hochschulen allgemein können eine sehr gute Wahl sein, wenn es um authentische Räume im Kontext von Bildung, Forschung, Entwicklung und so weiter geht. Selbstverständlich wird für die Mittagspause der Raum „Mensa" eingeplant; niemand erwartet ein Restaurant außerhalb des Campus – zwischen Studentinnen und Studenten mit einem Tablett an der Essenausgabe anzustehen, gehört dazu, wird erwartet. So auch an unserer Hochschule bei der biennalen „Summer University" des Studiengangs BWL – Messe-, Kongress- und Eventmanagement.

Die Feierstunde zum Jubiläum eines Unternehmens wird authentisch dort begangen, wo die Firmengründung ihre Wurzeln hat. Das mag heute ein weniger schöner, vielleicht überhaupt nicht für Veranstaltungen geeigneter Ort sein. Doch wohnt in diesem Raum noch der Impuls für einen lange anhaltenden Erfolg, ist der „Heureka"-Ruf beheimatet, der als der wahre Ursprung des Unternehmens gilt. Eventschaffende sind durchaus in der Lage, solche Räumlichkeiten, unter Zuhilfenahme von entsprechender Ausstattung, bis hin zu temporären Bauten (etwa Zelte), in einen würdigen Ort für Jubilare und Gäste zu verwandeln. Den Urknall zu fühlen, gelingt nicht in einer Stadthalle oder in einem Kongresszentrum, zumindest nicht so ausgeprägt.

> „Es gibt eine Vielzahl unterschiedlicher Events mit diversen, individuellen Zielsetzungen – meist entlang der Wirkungsfelder Lernen, Motivation, Kommunikation und Information. Eventmanagementaspekte, wie geeignete Konzepterstellung, strukturierter Planungsprozess sowie funktionierende Technik und Logistik vor und während der Veranstaltung, sind offensichtlich erforderliche Voraussetzungen für die Zielerreichung. Doch inwieweit ist es auch im Bewusstsein des Veranstalters, das Event im geeigneten Ambiente stattfinden zu lassen? Wie wichtig ist es für den Erfolg, die Auswahl der richtigen Location zu treffen? Wodurch wirkt ein Raum auf den Besucher eines Events und wie kann man sich diese Wirkung zunutze machen? Inwiefern haben die Räumlichkeiten einer Location aufgrund ihrer Raumwirkung Einfluss auf das Ergebnis einer Face-to-Face-Veranstaltung?" (Ernst/Luppold 2021, S. 494).

Christian Mikunda führt mit „Hypnoästhetik" einen ganz besonderen Begriff ein. Erlebniskraft speist sich aus Raum- und Gebäudeinszenierungen, ist verbunden mit Storytelling und wichtiges Element einer „Verführung". Mikunda thematisiert „Social Priming" – Priming steht für „Bahnung": die häufige und meist unbewusste Verknüpfung eines Reizes mit Assoziationen im Gedächtnis aufgrund von Vorerfahrungen. In diesem Kontext beschreibt der oft als Vordenker der Erlebniswirtschaft zitierte Forscher und Autor das Hotel „Anne-Sophie" in der baden-württembergischen Kleinstadt Künzelsau. Die Hälfte der Mitarbeiter ist behindert – und eine Begegnung mit ihnen wird als wohltuend empfunden. Dort untergebrachte Gäste der Veranstaltungsstätte „Carmen Würth Forum" nehmen diese Eindrücke mit, Engagement und Lernwille, zu den Events und Konferenzen, an denen sie teilnehmen (Mikunda 2018, S. 66).

Im Kontext von Veranstaltungen werden wir das Konstrukt *Raum* neu begreifen müssen. Gibt es einen zweidimensionalen Raum? Sind Events im Cyberspace Veranstaltungen im Nirgendwo oder in einem virtuellen Raum? Ein neuer Blick auf das, was für uns bislang als selbstverständliche Größe von Zusammenkünften galt! Begonnen hat dies viel früher, vielleicht in den 1980er Jahren mit dem Spatial Turn: Im kultur- und sozialwissenschaftlichen Kontext wurde der Raum – wieder – wahrgenommen, nicht die Zeit allein bildet die kulturelle Größe. Besonders am virtuellen Raum des Internets wird deutlich, dass eine neue Raumauffassung erforderlich war, die den Raum nicht nur als ein dreidimensionales Behältnis versteht, in dem sich Menschen bewegen. Stattdessen sehen wir den Raum heute als das Ergebnis sozialer Beziehungen, das dem Interesse und Handeln einzelner Menschen oder Gruppen entspringt. Der reale Raum wird ergänzt durch soziale und kulturelle Raumwahrnehmung. Und mit diesen Attributen ausgestattet kann dann auch ein konstruierter, elektronisch erzeugter Raum zu einem realen werden. Oder, etwas tiefsinniger formuliert entlang eines Films von Thomas Heise aus dem Jahr 2019: „Heimat ist ein Raum aus Zeit" (vergleiche Luppold 2018, S. 18 und Luppold 2021, S. 15).

In dem „Workbook berührende, hybride Veranstaltungen" (Himmel/Luppold 2023) beschreibt Wolfgang Himmel, wie nach drei Semestern Online-Studium die Rückkehr zum Persönlichen wirkte (Himmel 2023, S. 55 ff.). Dabei berichtet er von Erlebnissen, die im realen Raum intensiv und besonders wahrnehmbar sind. Etwa das Bilden von Breakout-Gruppen: Man testet die Nähe zu anderen Teilnehmern aus, es ist mehr als ein „Klick" auf eine Online-Gruppe. Auch das Präparieren oder neu Arrangieren eines Raumes zahlt ein auf diese Wahrnehmung: das gemeinsame Verschieben von Tischen, um Inseln zum Austausch zu bilden. Im Raum findet bei Onsite-Events Wirkung nicht nur bei der Veranstaltung selbst statt, sondern auch bei Vor- und Nachbereitungen, bei Pausen, am Kaffeeautomat oder vor der Infotafel mit einer Übersicht zum Mittagsmenü.

Also: Räume sind immer auch Resonanzräume! Objekte, die durch ihre bloße Anwesenheit Bewegungsabläufe, Handlungen und Entscheidungen beeinflussen, offerieren nonverbal ein Angebot: ein Stuhl etwa, der zum Sitzen einlädt und uns damit in eine Gruppe Menschen verortet, die dort bereits in unmittelbarer Nachbarschaft beieinander sind. Dies, Affordanz genannt, ist in realen Räumen ein ganz hervorragendes Gestaltungselement – und in virtuellen praktisch nicht existent (Luppold 2023, S. 197).

Veranstaltungen – Messen und Ausstellungen, Kongresse und Konferenzen, Marketing-Events und Festivals etc. – sind bestimmt durch Zeit und Raum. Dabei ist Raum konstitutiv, als Element oder Ressource; also nicht lediglich ein verzichtbarer Bestandteil. Dies gilt universell – für unsere traditionelle Raum-Definition (physisch und dreidimensional) wie auch für digitale beziehungsweise virtuelle Plattformen (zwei- oder dreidimensional). Ob Lagerfeuer (wir nennen das modern Campfire und bezeichnen damit auch ein Veranstaltungsformat) oder Metaversum: Veranstaltungen sind ohne Räume nicht möglich!

Die rein objektive Wahl anhand von quantitativen Faktoren – etwa Flächenbedarf, orientiert an der Anzahl der Gäste und konform mit der Versammlungsstätten-Verordnung – ist eine Betrachtung. Eine andere, auf den Erfolg der Veranstaltung bezogene, ist die der authentischen emotionalen und nachhaltigen Wirkung!

Verwendete und weiterführende Literatur

Altenbeck, D./*Luppold*, S. (2023): Inszenierung und Dramaturgie für gelungene Events, Wiesbaden (Springer), 2. Auflage.

Bielzer, L./*Wadsack*, R. (2011): Betriebswirtschaftliche Herausforderungen des Managements von Sport- und Veranstaltungsimmobilien, in: Bielzer, L./Wadsack, R. (Hrsg.): Betrieb von Sport- und Veranstaltungsimmobilien, Frankfurt a. M. (Peter Lang), S. 53 – 127.

Brook, P. (1983): Der leere Raum. Berlin (Alexander Verlag), 11. Auflage.

Ernst, N./*Luppold*, S. (2021): Raumwirkung in Eventlocations, in: Ronft, S. (Hrsg.): Eventpsychologie, Wiesbaden (Springer), S. 493 – 512.

Forsthoff, C. (2020): Unerhörte Orte, Rostock (Hinstorff Verlag).

Gatterer, H. (2018): Future Room, Hamburg (Murmann).

Himmel, W./*Luppold*, S. (2023) (Hrsg.): Workbook berührende, hybride Veranstaltungen, Wiesbaden (Springer).

Holzbaur, U./*Luppold*, S. (2016): Nachhaltiger Tourismus im Dreieck Destination – Location – Event, in: Zanger, C. (Hrsg.): Events und Tourismus – Stand und Perspektiven der Eventforschung, Wiesbaden (Springer), S. 150–172.

Lazzari, R. (2013): Dreidimensional gestalten, stylen, kommunizieren, in: Hirt, S. (Hrsg.): Event-Management. Mit Live-Kommunikation begeistern, Zürich (Versus), S. 153–160.

Luppold, S. (2011): Management-Informationssysteme für Sportstätten-Betreiber, in: Bielzer, L./Wadsack, R. (Hrsg.): Betrieb von Sport- und Veranstaltungsimmobilien, Frankfurt a. M. (Peter Lang), S. 285–308.

Luppold, S. (2018): Ganzheitlich und pragmatisch – digitale Transformation in der MICE-Branche, in: Luppold, S. (Hrsg.): Digitale Transformation in der MICE- Branche – Messe-, Kongress- und Eventmanagement im Wandel, Wimsheim (WFA Medien), S. 17–24.

Luppold, S. (2021): Neo-hybride Events – real und virtuell im Post-Corona-Mix, in: Luppold, S./Himmel, W./Frank, H.-J. (Hrsg.): Berührende Online-Veranstaltungen, Wiesbaden (Springer), S. 13–26.

Luppold, S. (2023): Resonanz-Verständnis für bessere Events, in: Himmel, W./Luppold, S. (Hrsg.): Workbook berührende, hybride Veranstaltungen, Wiesbaden (Springer), S. 193–206.

Marzin, W. (2021): Wohlstandsfaktor Messe, in: Borstel, P. (Hrsg.): Die Zukunft von Messen, Kongressen und Events, Starnberg (TFI-Verlagsgesellschaft), S. 53–59.

Mekista, J./*Schenk*, B. (2020): Escape @ home, Stuttgart (frechverlag).

Mikunda, C. (2010): Warum wir uns Gefühle kaufen. Berlin (Econ), 2. Auflage.

Mikunda, C. (2018): Hypnoästhetik. Die ultimative Verführung in Marketing, Handel und Architektur, Berlin (Econ).

Verzeichnis der Autorinnen und Autoren

Nach ihrem Grafik-Design Studium in München trat *Sabine Abrolat* 1989 in das Unternehmen ihrer Großmutter Res Ebert federführend ein und übernahm dieses nach deren Tod 1997 als alleinige Geschäftsführerin. Seit 2000 bildet sie unter anderem zum Gestalter / zur Gestalterin für visuelles Marketing aus, wurde in dieser Fachrichtung 2020 bundesbester Ausbildungsbetrieb und konnte aus diesem Umfeld im März 2023 an einen Nachfolger übergeben. Unter ihrer Ägide wurde maßgeblich die Sparte Auftrittsdesign als allumfassende Grundlage der nationalen wie internationalen Event- und Veranstaltungsausstattung geprägt, was neben vielen lokalen Highlights sowohl im nationalen Bereich mit der Ausstattung für insgesamt fünf G7-, G8- und G20-Gipfel der Bundesregierung als auch im internationalen Bereich mit zahlreichen gestalteten Auftritten für Montblanc International sowie Electronic Arts zum Ausdruck kam. 2011 wurde Sabine Abrolat für ihr Engagement mit der Wirtschaftsmedaille des Landes Baden-Württemberg ausgezeichnet.

Vincent Czichon ist Absolvent des Studiengangs „BWL – Messe-, Kongress- und Eventmanagement" an der Dualen Hochschule Baden-Württemberg Ravensburg. Von 2020 bis 2023 war er als dualer Student bei der NürnbergMesse GmbH in variierenden Abteilungen für unterschiedliche Themenfelder tätig und verfasste seine Bachelorarbeit im Bereich „Multisensuale Markenkommunikation". Seine Arbeitserfahrung in Zusammenhang mit fundiertem Theoriewissen ermöglichen eine wissenschaftliche Bewertung heuristischer Methoden und zeigen sein Bestreben, durch diverse Interessensfelder der Betriebswirtschaftslehre stets einen Mehrwert für Mitarbeitende und Klienten zu liefern.

Carmen Goette hat ihr Studium an der DHBW Ravensburg im Bereich „BWL – Messe-, Kongress- und Eventmanagement" absolviert. Ihr Partnerunternehmen, die Bayern Innovativ GmbH, organisiert unter anderem B2B-Veranstaltungen zur Diskussion aktueller Wirtschaftsthemen. Sie begeistert sich dafür, aktiv an diesem Prozess teilzuhaben. Ihre Leidenschaft liegt darin, Menschen zu vernetzen und so Synergien entstehen zu lassen. Daher hat sie ihre Bachelorarbeit dem Thema Networking gewidmet, insbesondere wie dies für B2B-Veranstaltungen optimiert werden kann.

Als Head of Marketing bei der music & light design GmbH befasst sich *Patrick Haag* täglich mit der Schnittstelle von Veranstaltungstechnik und unterschiedlichen Zielgruppen. In den vergangenen Jahren verantwortete er zahlreiche Veranstaltungskonzepte für verschiedene Agenturen. Er setzt sich sowohl aus wissenschaftlicher Perspektive als auch in der Praxis mit Aufgabenstellungen und Unternehmen der MICE- beziehungsweise Veranstaltungsbranche auseinander und ist Dozent im Veranstaltungs- und Messebereich sowie Autor und Herausgeber verschiedener Fachpublikationen.

Sarah Hunke konnte im Oktober 2023 ihr duales Studium im Bereich „BWL – Messe-, Kongress- und Eventmanagement" erfolgreich abschließen. Die während ihres Studiums an der DHBW Ravensburg sowie im Auslandssemester an der ITESO Guadalajara erworbenen Kenntnisse und Fähigkeiten im Messe- und Eventmanagement kann sie nun zunächst in der Abteilung Protocol & Events bei der Hamburg Messe und Congress GmbH einbringen. Um ihre Kenntnisse zu vertiefen, strebt sie ein Masterstudium an.

Anna-Lena Jesse absolvierte ihr Studium in International Relations (B. A.) an der Hochschule Rhein-Waal, der Universidad Complutense de Madrid und der Florida International University. Diesem Bachelorabschluss folgte ein Zweitstudium in „BWL – Messe-, Kongress- und Eventmanagement" (B. A.) an der Dualen Hochschule Baden-Württemberg Ravensburg und der Universidad Anáhuac Mayab. Seit 2023 ist sie als Referentin im Area Sales Management der Messe Frankfurt Exhibition GmbH tätig. Ihre vielseitige Auslandserfahrung und interkulturelle Kompetenz fließen dabei in ihre Arbeit ein.

Sophia Knörr hat im September 2023 ihr Bachelorstudium an der DHBW Ravensburg im Studiengang „BWL – Messe-, Kongress- und Eventmanagement" abgeschlossen. Ihr weiterer beruflicher Weg führte sie nach München zur Deloitte GmbH Wirtschaftsprüfungsgesellschaft, wo sie als Professional im Bereich Eventmarketing und Eventmanagement arbeitet. Dort kümmert sie sich um die Konzeption, Organisation und Durchführung verschiedenster interner und externer Veranstaltungsformate und setzt ihre bisher gesammelte Expertise optimal ein.

Lisa Kölle ist Absolventin der DHBW Ravensburg im Bereich „BWL – Messe-, Kongress- und Eventmanagement". Sie setzt ihre Leidenschaft für Marketing und Corporate Social Responsibility (CSR) in ihrer Rolle als Junior Strategist bei der Experience Marketing Agentur George P. Johnson ein, wo sie gleichzeitig im Unternehmensmarketing tätig ist. Ihre in der Theorie gesammelte und in der Praxis angewandte Expertise und persönliche Hingabe spiegeln sich sowohl in ihrem Studium als auch in ihrer beruflichen Laufbahn wider. Sie möchte durch innovative Ansätze und neue Ideen dazu ermutigen, nachhaltige Marketingpraktiken zu fördern und zu schätzen.

Stefan Luppold ist Professor an der staatlichen DHBW (Duale Hochschule Baden-Württemberg) Ravensburg; dort lehrt er im Studiengang „BWL – Messe-, Kongress- und Eventmanagement", den er zwölf Jahre geleitet hat. Zuvor war er zwei Jahrzehnte lang in internationale Projekte der Veranstaltungs-Branche eingebunden. Er ist Herausgeber und Autor von mehr als 30 Fachbüchern, darunter dem zentralen Werk „Handbuch Messe-, Kongressund Eventmanagement". Er wirkt als Mitglied in verschiedenen Beiräten und lehrt an Hochschulen im Ausland, unter anderem von 2007 bis 2013 in Shanghai. Im Jahr 2023 wurde ihm der „Wissenschafts- und Transfer-Preis" der Stadt Ravensburg verliehen.

Annika Rosemann ist Absolventin des Studiengangs „BWL – Messe-, Kongress- und Eventmanagement" an der Dualen Hochschule Baden-Württemberg in Ravensburg. Ein Semester ihres Studiums verbrachte sie im Ausland an der renommierten University of California in Santa Barbara, USA. Mit ihrem fundierten Know-how aus Theorie und Praxis arbeitet sie als Referentin für Marketingkommunikation und Media Relations im Bereich der Technology-Messen bei der Messe Frankfurt Exhibition GmbH.

Marion Strobel begann ihre berufliche Karriere nach dem Studium der Kunstgeschichte, Anglistik und Geschichte bei der Daimler AG in Stuttgart. Dort war sie zuletzt über 20 Jahre lang Protokollchefin. Zahlreiche nationale und internationale Projekte im Rahmen dieser Tätigkeit machten sie zu einer profunden Expertin in Protokollangelegenheiten. Dieses umfangreiche Wissen vermittelt sie heute in Workshops und als Dozentin an der staatlichen DHBW (Duale Hochschule Baden-Württemberg) Ravensburg im Studiengang „BWL – Messe-, Kongress- und Eventmanagement".